サツマイモ本土伝来の真相

右田守男

サツマイモ本土伝来の真相

刊行にあたり

鹿児島県鹿屋市には大隅史談会発行の郷土誌『大隅』がある。大隅史談会は地元ボランティアの方々が中心となり運営され、郷土の歴史研究者たちが自主的に投稿し合って年1回の発刊となっている。今年（2023）で66年の歴史を誇っている（事務局：鹿屋市西原3－8－17　担当：白井森芳氏　電話：090－3735－1246）。

当拙論の原形は、

「大隅第60号2017年4月発行」①　カライモ翁前田利右衛門説異論

「大隅第61号2018年4月発行」②　続・カライモ翁前田利右衛門説異論

「大隅第64号2021年4月発行」③　酒呑童子と右田家蔵（絵巻物）の謎

に投稿した拙論を微修正し、『サツマイモ本土伝来の真相』として3年分を新たに一冊の本として取り纏めたものである。

刊行にあたり投稿文執筆を熱心に推薦してくださった元・史談会会長松下高明氏及び、一冊の取り纏めに快諾応援してくださった現・史談会会長瀬角龍平氏にまず感謝の念を申し上げたい。

令和5年（2023）8月末日　　右田守男

サツマイモ本土伝来の真相　目次

『カライモ翁前田利右衛門』異説論（大隅第60号）

続・『カライモ翁前田利右衛門』異説論（大隅第61号）

『酒呑童子』と右田家蔵「絵巻物」の謎（大隅第64号）

『カライモ翁《おんじょ》前田利右衛門』説異論

はじめに

前田利右衛門とは別名「カライモおんじょ」とも呼ばれ、江戸時代17世紀から18世紀にかけて琉球からサツマイモを持ち帰り、薩摩、大隅地方に普及させ大飢饉の時に多くの民衆を飢餓から救い大功のあった謎多き人物の事である。この話は恐らく江戸時代末期1843年に編纂された薩摩藩の地歴書『三国名勝図会《え》』がネタ本であろう。その後「利右衛門」伝説は指宿市徳光神社近郊等に3基の頌徳碑や墓石等が造立され、明治時代になってから名乗り出た人物の前田という苗字が遡って「前田利右衛門」という名前が一般的に定着している。拙論は「利右衛門」がその時代前後に生存し、活躍していたであろう事に異論はない。しかし、当家に現存する「右田家・家系図」等から推読して、カライモが最初に本邦に伝来したとされる1705年説及び、苗字「前田」説に異を唱えるものである。

一「前田利右衛門」に興味を持ったキッカケ

私の故郷は大隅半島鹿屋市高須町である。子供の頃、大隅半島中央西岸に位置する高須港から眺める錦江湾内の景色は絶景であった。まず薩摩半島に向かって右側に噴煙を上げる桜島、対岸正面やや左側に知林ヶ島とその背後にそびえる薩摩富士（開聞岳）、湾の入り口付近には薩摩硫黄島がよく見えた。大きくなったらいつか対岸の薩摩半島から逆に大隅半島高須港付近を眺めてみたいと子供心に願ったものである。

その後、私は昭和43年高校卒業後関東地方の大学に進学し、横浜市の企業に就職、住居も現在(大和市)に至っている。就職以降、実家に帰省の度に薩摩半島指宿行きを試みたが、実行が果たせないまま長い年月が流れた。しかし平成26年11月、会社を定年(65歳)退職し、1年後ようやくその夢を叶える時が訪れた。平成27年10月15日の事である。私と妻、義母3人は指宿市の観光ホテル白水館に宿泊した。翌16日早朝、宿の窓から眺めた大隅半島上空の日の出は期待通りの美しさと共に長年の悲願がかなった瞬間であった。しかし、それ以上に私の心に強い衝撃を受けたのは、前日夕食時に飲食を勧められた指宿酒造発売のイモ焼酎「利右衛門」銘柄宣伝文である。そこには『三国名勝図会』とその後の頌徳碑に基づく「前田利右衛門」伝説内容が記載されていた。何故私はその説明文に強い衝撃とある種の強い違和感を受けたのか？　それは当右田家に現存する家系図を基に中学生の頃、親父から伝え聞いた耳覚えのある「利右衛門」伝説と重なったからである。

二　右田家に伝わる「利右衛門」伝説とは

「おまんさあ、かんやのちごさあじゃっどなー」私がまだ幼い頃、近所の人々、とりわけ年配者からこの様に良く問いかけられた記憶が残っている。これを標準語に直すと「御前さんは、仮屋の稚児（幼子）さんですよね？」となるのだが、当時は「かんや」の意味が解らなかった。その言葉が地頭仮屋（島津藩の在地役所）を意味していた事を知ったのは高須中学1年春の頃であった。ある日親父にその意味を尋ねたところ、父は奥の戸棚に保管されていた家系図や絵巻物、日本刀、古文書（朱印状）、掛け軸等を取り出し嬉しそうに私に見せながら右田家に伝わる歴史を説明してくれたのである。その説明の要点はおおよそ次のようなものであった。

①家系図中で最も古い時代の記載人物は「大織冠（藤原）鎌足」であること。

②昔、戦功を挙げ二条院（天皇）より右田（藤原朝臣）姓を名乗ることを賜ったこと。

③江戸時代初期の頃から中期にかけて、右田家「利右衛門」は殿様（島津家）から「御朱印状」を拝し、琉球との貿易に密接に携わっていたこと。

④「利右衛門」というひとかどの人物が存在し、琉球から様々な宝物を持って帰って来た。庭に樹齢約400年近いソテツの老大木があるが、それはその時持ち帰った（赤い実種）を植えて育ったものであること。（小さな記念碑が現存している）

⑤江戸時代初期頃島津の殿様（島津光久）が右田仮屋に宿泊されたことがあること。

⑥江戸時代末期より高須波之上神社の神主を代々務めていた事等である。

当時中学生であった筆者は当然のごとく系図や古文書等に記された内容を理解出来なかった。今では笑い話となってしまったが、とりわけ①記載（大織冠）の意味について父は「大昔、右田家には飯を大食いする人物（大食漢）が居ったぞ」と冗談まじりに説明した為、大人になるまで、その説を信じていた程である。

三　右田（藤原朝臣）姓の由来について

日本各地、各名家に存在する家系図の大元を辿って行くと、いずれも神武天皇と藤原鎌足の2系統の始祖に辿り着くと言われている。右田家の家系図も前述の通り例外ではなく、大化の改新（６４５年）で功のあった藤原鎌足から人脈が始まっている。ここでは紙面の都合上、役歴付記の詳細を省き12世紀頃までの主たる登場人物名のみを駆け足で抜粋して行くと以下の通りとなる。

藤原鎌足↓藤原不比等↓藤原武智麿↓藤原房前（北家祖）↓藤原宇合↓藤原麿↓藤原清河↓藤原魚名↓藤原内麿↓藤原真夏↓藤原冬嗣↓藤原長岡↓藤原朝善↓藤原重宗（大和守）↓藤原重国（号無奈岡少納言・領大和国三輪郡）↓藤原重弘（大和守）↓藤原顕恵

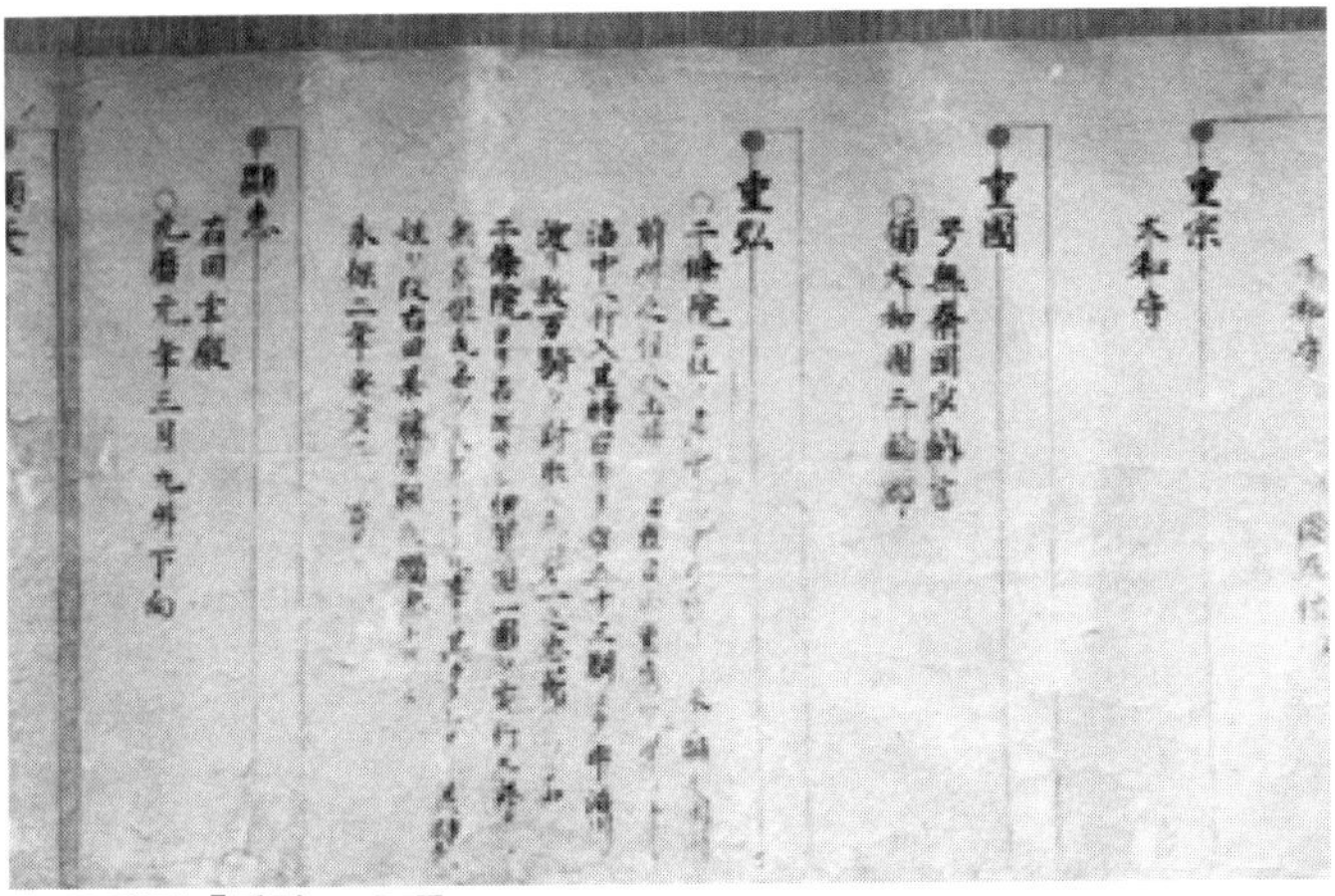

右田系図「重弘」の項

系図に記された鎌足に始まる前半の有名登場人物をネット検索すると各人の誕生日や没年、役職履歴等の人物横付記は驚く程正確である。恐らく尊卑分脈から引用し参考としたのであろう。そして上記「藤原重弘」の欄横に下記記述がある。

『二条院ニ仕フ其中、弓箭出来ノ時、〇？国前刈之住人土井衆日田重歳兄弟ノ先陣トシテ洛中ヘ討入其時、右田手衆五三騎ニテ宇治川ヲ渡り数万騎ヲ討取り之砌　第一之忠節ニツク也。二条院ヨリ召出サレ伊賀国一国ヲ宛行ル於無奈岡氏名ヲ天下ニアクル事其レカクノ如シ　其時氏姓ヲ改メ右田某藤原朝臣顕忠ト号ス　永保二年二月吉日　』

＊弓箭《きゅうせん》：弓と矢。転じて戦争《いくさ》のこと

＊砌《みぎり》：ちょうどその事が行われた（現れた）時

＊朝臣（あさみ・あさおみ）：684年（天武天皇13年）に制定された八色の姓の制度で新たに作られた。位としては上から二番目に相当する。一番上の真人《まひと》は主に皇室に与えられた為、皇族以外の臣下の中では一番上の地位にあたる。

この朝臣の姓が作られた背景には、従来の臣《おみ》、連《むらじ》、首《おびと》、直《あたい》などの姓の上に位置する姓を作ることで、姓に優劣、待遇の差をつけ、天皇への忠誠が厚い氏《うじ》を優遇し、皇室への権力掌握を図ったと思われる。

さて、この逸話を簡単に要約すると「藤原重弘が二条院にお仕えしていたある時、戦争が勃発し、重弘は二条院派土井衆の味方として敵方と戦い、大いなる戦功を挙げた。のちに二条院に召し出され、その功績を讃えられ伊賀国一国（の宛行れ）と朝臣の姓を賜った永保2年以後重弘一族は氏姓を改め右田姓を名乗るようになった」ということである。

しかし、上記記述には大きな疑問点が存在している。それは二条天皇の在位期間（1158年9月〜1165年8月）の年号と永保2年の年号が一致しないのである。永保2年は正式には西暦1082年であり、白河天皇の在位期間中である。筆者は最初、永万2年（1165）の書き間違いなのではないかと疑った。しかし系図の他の箇所で、年号が年度の途中で変遷し、重なった場合は各年号から、一文字づつ取り合体略記していることが分かったのである。二条天皇在位期間の中で年号が重なるのは永暦元年（1160年2月18日から同年9月4日）と応保元年（1160年9月24日から応保3年3月29日迄）である。

よって永暦の永と応保の保を合体して永保2年とは1162年であることが推定されるのである。これらのことからこの時の戦争《いくさ》は「平治の乱」であろう。「平治の乱」とは平安時代末期の平治元年（1159）12月9日に後白河院政派と二条天皇親政派らの皇位継承を巡る対立により発生した政変である。詳細は「平治物語」や「愚管抄」に記載されているが不明な点も多い。この時代の背景には鳥羽院政期の頃から全国には多くの荘園が形成され、各地、とりわけ九州で国務の遂行めぐって紛争が起きており、二条天皇の先代、後白河天皇は荘園整理令（保元新制）の発令の中で「九州の地は一人の有なり、王命の外、何ぞ私意を施さん」と全国の荘園・公領を天皇の統治下に置くことを喫緊の課題としていた。それは二条天皇の代になっても同じであったろう。その後、「元暦元年（１１８４）三月右田（藤原）重弘の嫡子右田顕恵は九州へ下向」と記載されている。（公家として九州の何処へ赴任したかは不明であるが、約３００年後、その子孫に右田秀俊（対馬守）、右田秀次（壱岐守）等が現れており、防人として北九州地区とりわけ離島で代々任官されていたことが伺われる。

四　右田家・家系図の作者は誰か？

右田家系図は１２８０年頃から７〜８代約１７０年間程の中断期間がある。（はっきりした理由は不明であるが、筆者は元寇の襲来と関係があるのではないかと推測している）系図はその中断期間を除き15世紀中頃〜１６８８年頃までをある人物によって継続記述されている。そもそもこの右田家の家系図はいつ頃、誰が、何の為に作成されたのか？　その答えが系図終末部右田利右衛門尉秀門の付記（注１）に次のように記載されている。（旧漢字訂正して意訳＆（　）中の血筋は補足）

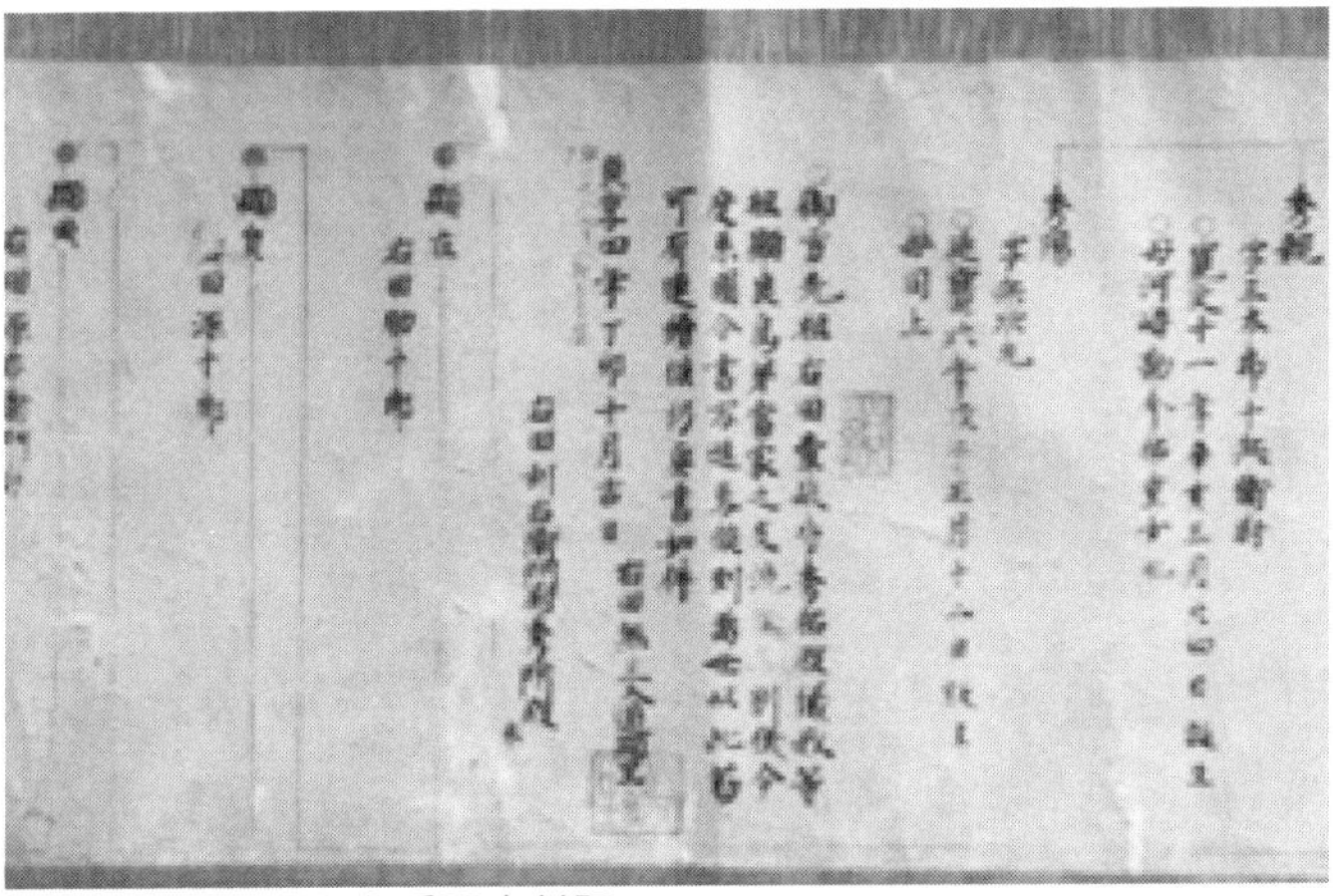

右田系図　顕里から秀門宛付記

御方先祖右田壱岐守秀佑《ひですけ》殿の儀、我等の祖、顕良《あきよし》の弟為《な》るは、当家の支流に依《より》別儀と毎《いえども》今度《このたび》系図令書を写進《うつしすすめ》）焉候《えんそうろう》。これを以《もって》、萬世《ばんせい》に到り、此の筋《きん》（＝血筋）は連続を有する可《べし》とし候。依って貞書《ていしょ》（＝正統なる書）如件《くだんのごとし》」

右田無三入道顕里《あきさと》

貞享《じょうきょう》四年（１６８７）丁卯十月吉日

右田利右衛門尉秀門　殿』

系図中断後、最初に登場する人物は右田（本家長男）顕良と右田（支流次男）秀佑の２兄弟である。（２人の父親名は顕久、年代は秀佑の曾孫・秀政が天文丙申５年（１５３６）に誕生している事から遡って15世紀中頃の話であろう。)
●顕良《あきよし》：右田助左衛門尉　従肥後州球磨郡来　真幸・吉田・高山住焉
●秀佑《ひですけ》：右田半九郎壱岐守　住隅州肝属郡（玄孫・秀安は高山居住記述あり）
現存している右田家の家系図作者は前記文章から以下の内容が読み取れる。
いつ頃？：貞享4年（１６８７年）10月に
誰が？　：右田無三入道顕里が
誰宛に？：親戚の右田利右衛門尉秀門宛に（本家（顕良）家系図を参考にして）
何の為に：（以下は筆者私見：分家支流右田利右衛門尉秀門家にも家系図はあるが一部中断部分がある。そこで熊本に住む本家の子孫右田顕里に不明部分も含め補足や加筆を（写進）依頼したのではないか？）事実前記秀門宛献上文の後に顕里は本家顕良以降の系図人脈を以下の通り加筆している。
右田顕良↓顕在↓顕負↓顕典（右田源右衛門尉・移居栗野城）↓顕勝↓顕之↓
顕尊（右田源兵衛尉）↓顕意（右田源五郎）↓顕里（無三入道）

＊顕良から四代目右田顕典の時に下記の付記がある。
●顕典《あきのり》：右田源右衛門尉　移居栗野城
＊顕良から七代目右田顕尊の時に下記の付記がある。
●顕尊《あきたか》：太守義久公　以高□　移居丁　日州飯肥郡　酒谷後住飯野城
＊顕良から八代目右田（源五郎）顕意の時に下記の付記がある。
●顕意《あきおき》：朝鮮国征伐之時　従義弘公渡彼地　渇忠功終遂戦死□
＊顕良から九代目右田顕里の時に下記の付記がある。
●顕里《あきさと》：大左衛門尉　無三入道　為右田源五郎顕意嫡子
（□＝判読不明）

この時代日本及び薩摩の社会情勢を考察すると戦国時代から安土・桃山時代へと変遷する激動の時代であった。薩摩では島津義久が第16代当主となり九州の大半を手中に収めたものの、天正15年（１５８７）豊吉秀吉の反撃によって薩摩へ押し返されている。この時追い詰められた義久は剃髪して秀吉に和議を申し込み秀吉から薩摩一国を何とか安堵とされている。一方弟、島津義弘には大隅一国を与えられ、旧領の真幸院は長男久保《ひさやす》に与えられた。そのため義弘は日向国飯野城から栗野城に（天正18＝１５９０年）に移っている。島津義弘にとって栗野城での大きな出来事は朝鮮出兵（文禄・慶長の役）である。文禄元年（１５９２）豊臣秀吉は各地の大名に朝鮮出兵を強要している。この時前線に出兵した義弘は秀吉にアピールする絶好の機会と捉え、本国薩摩の兄義久へ大軍勢を送るよう要請している。しかし義久は一兵どころか一隻の船も送らなかったという。前線の義弘から義久宛に送られた手紙には次のように書かれていた。

「手元に人数が少なく応援の船も来ない為、日本一の遅陣となり、面目を失い無念千万である。このみじめさに涙も止まらない。国元の仕打ちを恨みます。（黎明館所蔵手紙要点のみ意訳）」

では何故義久は援軍を送らなかったのであろうか？　そこには秀吉にむやみに接近するべきではないという義久のしたたかな判断があったと言われている。秀吉政権下で生き延びる知恵であろう。朝鮮出兵は慶長3年（１５９８）、秀吉の病死によって終了したのであるが無益な戦争《いくさ》であった。参加した大名の多くはたくさんの犠牲者を出し、国力を失う中、薩摩は国力を温存したといわれている。桐野作人著『さつま人国誌』によると、『文禄元年（1592）二月義弘は栗野城から出陣した。しかし、それはとても大名の出陣風景には見えなかった。兵や武器がそろわずに出陣を延期し、ようやく出陣したが、わずか23騎が同行しただけだったという（旧記雑録後編二821号）』

この僅か23騎のなかに右田源五郎顕意《あきおき》がいたのであろう。顕意は彼地朝鮮国で義弘への忠功虚しく戦死を遂げたと記載されている。ところで6代目右田顕尊には3男1女がいた。長男顕意（7代目）↓次男篤冬↓三男顕次↓女子の4人である。顕意が死亡した当時次男篤冬は田口伴五兵衛尉篤冬と名乗り田口肥後守の養子となっていた。相続者がいなくなった顕意家では三男顕次ではなく篤冬の末っ子顕里を養子として9代目に迎え入れたのである。そして顕里は系図の一番最後の登場人物として次の様に記されている。

●顕里《あきさと》：右田無三入道　寛永七年（1630）寅午三月九日誕生　元禄元年（1688）戊辰七月二十七日死去　法号禅原無三居士（享年五十九歳）顕里右田分家の家系図を書き上げた後、僅か約十ヶ月後の死去であった。（＊ちなみに入道とは仏門に入った三位以上の人の事である。しかし、無三という表記から顕里が二位以下の出家者であったという意味になろう。）

五　支流と呼ばれた右田秀佑以降の系図の流れについて

右田秀佑（壱岐守）↓秀晴（壱岐守）↓秀有（壱岐守）↓秀政↓秀延↓秀次↓秀俊（対馬守）↓秀乗（壱岐守）↓秀長↓秀純↓秀門

秀佑から九代目以降右田秀長及びその息子秀純と孫秀門の時にとても注目すべき記述がある。

●秀長《ひでなが》：右田利右衛門尉　慶長七年（１６０２）壬寅《みずのえとら》九月　太守義久公拝御朱印渡丁琉球国買調御用物＝（１６０２年９月島津義久公よりご朱印状を拝し、琉球国へ渡航し、御用物を買い調えた）
寛永十年（１６３３年）九月二日死去　法号篤釣浄純居士

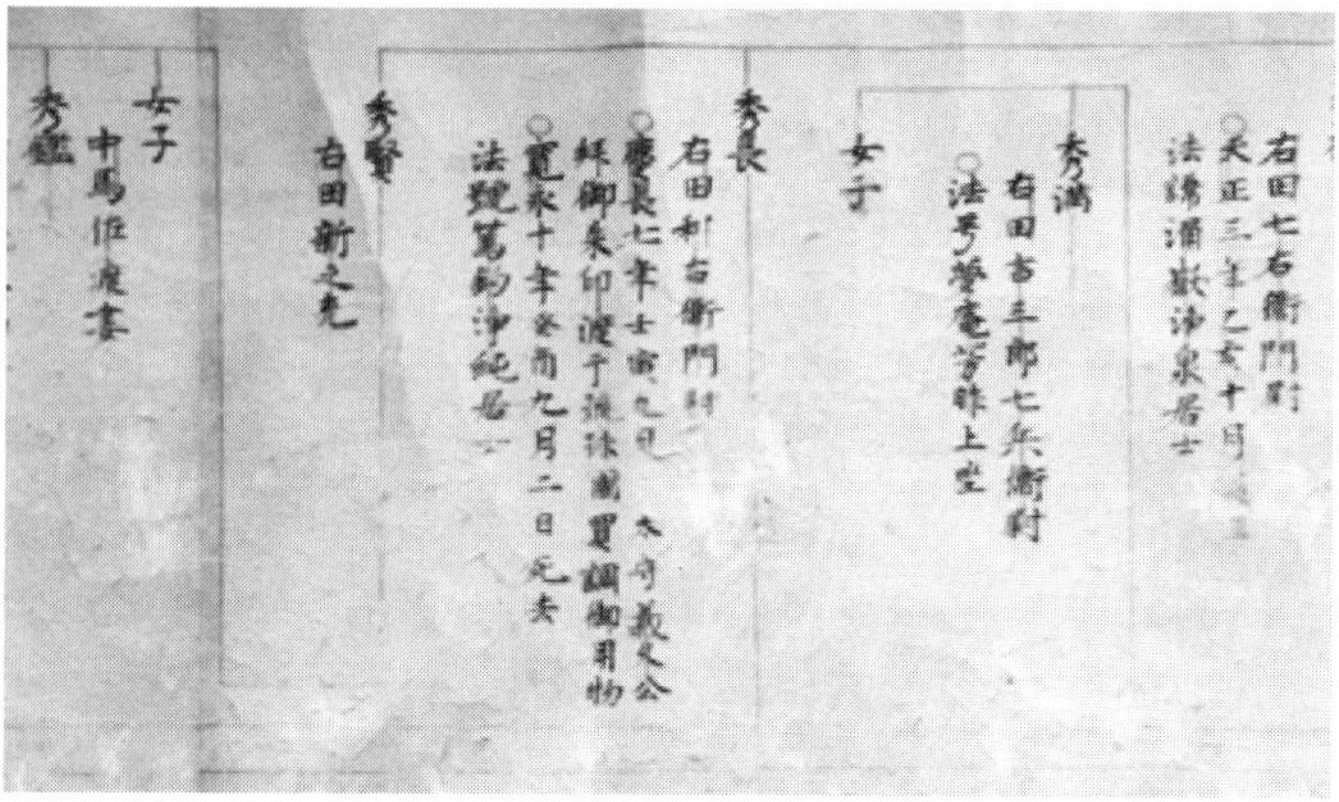

秀鑑
女子
中馬佐渡妻
秀賢
右田新之允
秀長
右田利右衛門尉
慶長七年壬寅九月　太守義久公
拝御朱印渡于琉球國買調御用物
寛永十年癸酉九月二日死去
法號篤翁淨純居士
女子
秀満
右田吉三郎七兵衛尉
右田七右衛門尉
天正三年乙亥十月
法號涌嶽淨泉居士

右田系図「秀長」の項

●秀純《ひですみ》：字生千代勝次郎利右衛門尉　慶長十一年（１６０６）丙午十月五日誕生　承応元年（１６５２）壬辰《みずのえたつ》八月二日

（太守光久公、佐多御渡海之時、秀純宅五日御滞在、十月下旬御帰還時、亦予宅入御三日御滞在也）＝（１６５２年８月２日島津光久公が（鹿児島から海路佐多へお出かけ所要の時、右田秀純（当時46歳）（仮屋）宅に５日お泊りになり、又、10月下旬に（佐多から）鹿児島へお帰りの際にも３日間宿泊された）

寛文四年（１６６４）甲辰三月死去　法号拓山栄笑居士（享年五十九歳）

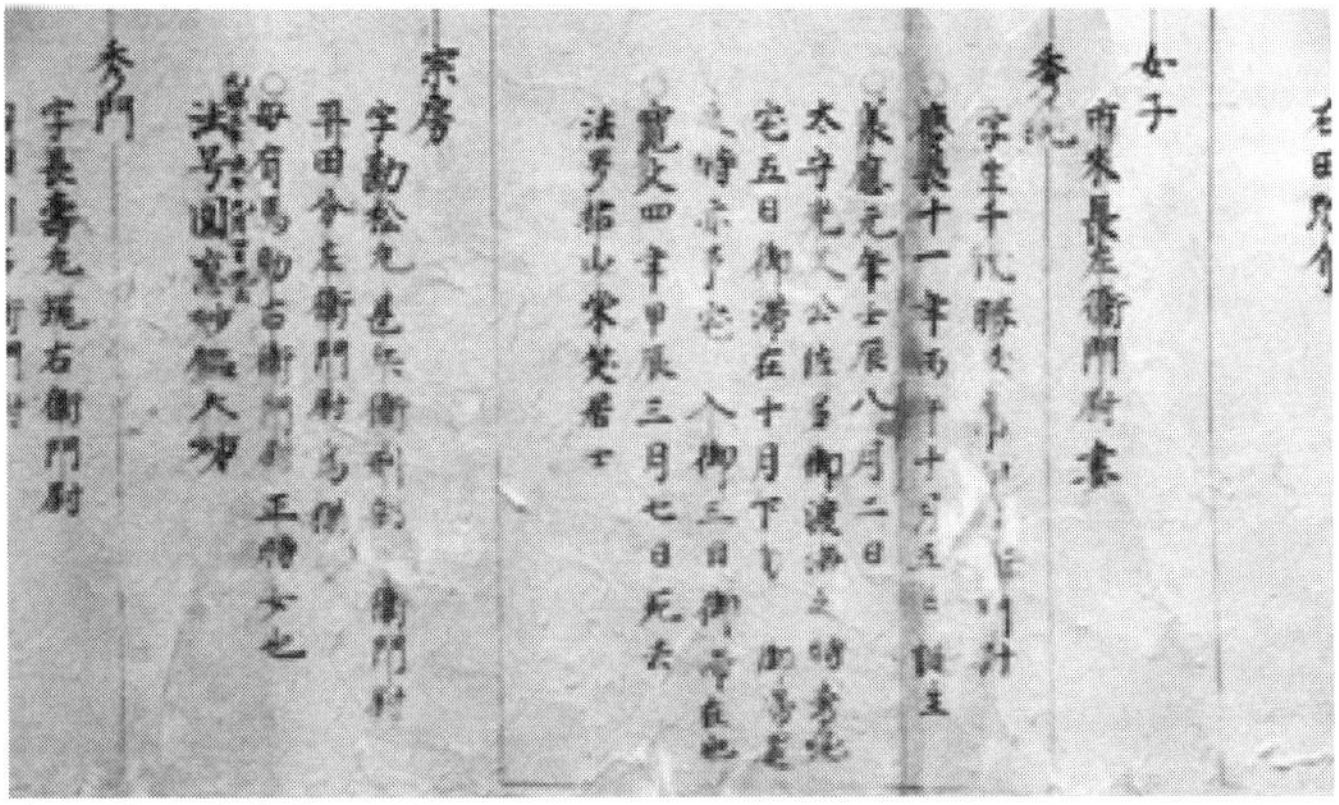
右田系図「秀純」の項

●秀門《ひでかど》：字長壱丸築右衛門尉　右田利右衛門尉
寛永十三年（１６３６年）丙子十二月
十五日誕生　母有馬助右衛門尉正時女也

秀門の付記内容については前述（注１：顕里から秀門宛献上文）の通り。

六　「利右衛門」とは名前のようで名前ではない？

日本の歴史上の人物名を語る上でどうしても理解しておくべき事柄がある。それは言霊《ことだま》信仰と武士の役職名の仕組みである。言霊信仰とは一般的に言葉に宿る霊的な力である。良い言葉を発すると良いことが起こり、不吉な言葉や本名を他人から口汚く呼ばれるとその都度命が縮むと信じられていた。その為、歌舞伎や相撲の歴史でも、一般的に本名ではなく俗名を代々世襲している。又、武士の名前についても、朝廷からご褒美として与えられた役職名が一般的に本当の名前のように普及していったのである。左衛門や右衛門とは朝廷の役職名である。もともとはこういう名前は朝廷内でその役職に就いた者しか名乗れないものであった。武士の時代になった時、武士が自分の権威付けの為に名目上この名前を欲しがるようになっていった。朝廷内には「衛門府」、「兵衛府」、「近衛府」の3つの部署がありそれぞれ、軍事や刑事、警備等を担当していた。上記3つの役職はそれぞれ「左・右」の2つのセクションに分かれている。これがややっこしいのは「左・右」の2つの役職には更にランク分けがあり、上から(督《かみ》)(佐《すけ》)(尉《じょう》)(志《さかん》)の4ランクに分かれているのである。例えば「右衛門」だと上から順に①「右衛門督《うえもんのかみ》」②「右衛門佐《うえもんのすけ》」③「右衛門尉《うえもんのじょう》」④「右衛門志《うえもんのさかん》」となる。

大河ドラマで有名な真田幸村は本名、役職呼称では真田○某（左衛門佐）幸村となる。室町時代の頃までの武士は直接朝廷に働きかけて「左・右衛門」「左・右兵衛」「左・右近衛」の上に○某文字の称号を貰っていたが、戦国時代になると、各大名は朝廷からまとめて貰って自分の部下に「ご褒美」として官途名○某（例えば、善、吉、五、大、甚、等の文字）

をそれぞれ与えていたのが普通であった。一般的にそれらの人数は督《かみ》は左右に各1人、佐《すけ》は左右に各2人、尉《じょう》は左右に各5人、志《さかん》は左右に10人前後、勿論例外もあるがこのように任官されたとしている。これらを現代の会社役職風に例えると、「督」はさしずめ部長、「佐」は次長、「尉」は課長「志」は係長と言ったところである。従って、「右田利右衛門尉秀門」を現代風に例えると、右田秀門が本名、「島津㈱右の衛門部に勤めている利課長さん」が俗称といった具合になる。又、一般庶民でも朝廷や大名に大金を払って「衛門」や「兵衛」等の名前を買うこともできたというこれを（衛門成《えもんなり》）という。しかしこうした仕組みは江戸時代後半期には金も払わず、全く無許可で名乗る者も現れ、「朝廷（大名）の許可が必要」という決まりは形骸化していったのである。

以上、武士の役職名の由来について述べた。筆者がここで特に強調したいのは18世紀初期に漁民や農民の名前が「利右衛門」というのは当時はまだありえない話だったということである。（江戸時代終末期の頃にはあり得た話ではある。）

七　初代利右衛門尉右田秀長が（１６０２年）９月に琉球へ渡航した目的は何か？

初代「利右衛門」秀長の誕生日は不明であるが、兄が一人いた。秀在である。

●秀在《ひでaり》：右田七右衛門尉　天正三年（１５７５）巳亥十月誕生

兄右田秀在の誕生日から推定して弟右田秀長の誕生日は天正５〜６年の頃と推定できる。仮に２歳年下であれば、天正５年（１５７７）誕生となり、島津義久の命により琉球へ渡海した時の年齢は恐らく25歳前後の出来事であったろう。没年が寛永10年（１６３３）９月なので享年57歳前後の生涯であった。では義久が求めた御用物とは一体何だったのだろうか？　筆者はカライモの苗ではないかと思ったが当時はそうではなかった。中国から琉球へカライモが伝播したのは慶長10年（１６０５）が今では定説（後述）となっている。実は島津藩発行の朱印状は豊臣秀吉の時代から数十通発行されており右田秀長宛朱印状はその中の一通であった。ここで島津義久から琉球王にあてた書簡が２００１年にある人物から沖縄県公文書館に寄贈されているのでその内容と経過をご紹介しよう。ある人物とは鹿児島県選出前衆議院議員山中貞則氏（故人）である。この書状について山中氏は「沖縄への謝罪」を記した『顧みて悔いなし私の履歴書』の中で次のように触れている。「ご承知のように鹿児島島津藩の島津家は今から四百年ほど昔、琉球に武力をもって侵攻し、支配下においた。昨年のことだが、家で書類を整理していた息子が、古い文献を取り出し「お父さん、これは何ですか？」と聞く。見ると相当古いもので、どうやら薩摩藩から琉球国王宛にあてた書簡らしい。いつ、どこで入手したものか、あいにく私にも記憶はなかった。内容を読み解くと、天正十八年（１５９０）、島津義久から尚寧王に送った手紙で「豊臣秀吉が小田原城を攻め落とし、天下統一の見通しである。秀吉から催促されているので、官船の綾船管絃を出し、来春には拝謁の為、上洛してくれないか」といった事が書いてあった。琉球王にはそれ以前にも上洛を促したが、応じなかったらしく、秀吉の催促に島津義久も困惑している様子が伝わってくる。貴重な資料なので沖縄県に寄贈し、県の公文書館に保存されている。」と述べている。又、上里隆史著『琉日戦争１６０９島津氏の琉球侵攻』の中で、当時前後の状況が次のように記載されている。「１６０２年、陸奥伊達領に漂着した琉球船の漂着民39名を家康は非常に丁寧に送還させる。琉球から送還を謝する返礼を期待してのことで、その返礼の使者との交渉を通じて琉球を対明講和交渉の糸口としたい意図だったが、琉球は警戒して返礼を送らない。それも当然で、遡って１５８９年、秀吉の恫喝に屈して使節を送ったところ、一方的に服属国とみなされて、朝鮮への出兵命令や、軍役、兵糧の徴発等次々に無理難題を押し付けられた経験がある。今回も安易に返礼を送るとどうなるか解ったものではない。又、明との関係改善の為にも日本への接近は忌避された。」と記している。豊臣政権時代に秀吉の対琉球外交の一端を担い、両者の間を取り持っていた義久の苦労たるや大変なものであったに違いない。それは家康の時代になっても同じであったろう。１６０２年義久の命により右田利右衛門尉秀長が琉球へ渡航した目的も、単に貿易をする為に渡航したのではなく同年に発生した伊達領琉球船漂流民39名を琉球へ送還するよう家康から求められた義久がこの時右田秀長に命じ送還させた可能性、或いは、義久から尚寧王へ家康宛の返礼を催促する内容の手紙が託されていた可能性等は大いにありと筆者は推測している。そして2年後１６０４年に同様の漂着事件が又もや発生している。平戸漂着事件である。この時徳川幕府は平戸の松浦氏に対し長崎奉行を通じて送還させるよう命じるなど、島津氏を介さず、琉球と直接交渉に乗り出そうとした。結局松浦氏と島津氏との「旧約」があって島津氏のもとに漂流物が届けられたのであるが、中央政府による領海権行使独占化の動きと難航する島津家主導の琉球外交打開の動きが鮮明化する事件となり、対琉球権益を喪失しかねない事態に陥った島津氏は非常に危機感を持つ事になっていったのである。当時脅かされる琉球権益とともに島津家の懸案となっていたのが慢性的な財政危機と弱体化した統治能力である。朝鮮出兵（特に慶長の役１５９８年・この時は約１０００人が出兵している）で島津軍の活躍は恩賞となる知行の不足をもたらしていた。上田隆史氏著は更に下記のように記している。「このような中、島津家中で浮上したのが、奄美大島出兵計画である。唱えたのは武断派の当主島津忠恒（家久）であった。琉球王国領土の奄美大島を編入し略奪することで当面の財政危機を乗り切ろうとするものであるが、島津家中でも反対が大きかった。義久も「この鬱憤止み難く、忠恒若年に任せ短慮の企て有るといえども、愚老往古の約盟に親しみ、種々助言を加え、敢えてこれを推し留む」と侵攻計画の浮上とそれを（短慮として止めた）ことを琉球に宛てた書状に恫喝的な意図ながら書いている。」しかし、この「短慮の企て」が現実的な計画となっていく。１６０９年3月2日総勢約３０００の島津軍が薩摩山川港から出港したのである。

この琉球出兵時右田秀長の推定年齢は32歳であるが右田系図には右田秀長が従軍したとい

う確かな記録は残っていない。しかし総大将が朝鮮出兵で活躍した樺山久高である（部下の将兵も朝鮮出兵の経験者が多かった）事や、義久の命により琉球渡航の経験がある右田秀長も少なくとも行路案内役等として抜擢され優先的に従軍していたであろう事は容易に推察できるのである。

八　カライモの伝来ルートについて

ここで当稿の本旨でもあるカライモの伝播ルートについて考察してみよう。サツマイモの原産地はメキシコ南部を中心とする南米北部が原産地であると考えられている。サツマイモのアジアへの伝来は、１４９２年コロンブスが新大陸を発見した時、他の作物と一緒にヨーロッパへ持ち帰り16世紀以降にスペイン人によってメキシコ・ハワイ・グアムを経てフィリピン・ルソンへ達したカモテ・ルートが一般的である。又、中国へのサツマイモ伝播については１６９４年福建省の陳振竜《ちんしんりゅう》がルソン島から持ち出した事が有名である。その持ち出した経過は中国側の文献を基に１８０４年薩摩藩が刊行した『成形図説』で次のように述べている。

『明の万暦二一年閔（福建省）人、陳経綸なるもの、その父振竜、かって呂宋国に商いせしに、朱藷《しゅしょ》の多きをみて陰買（密輸）して持ち帰り、及びその種法を伝え置きしを、時の巡撫《じゅんぶ》金学曹といひし者に献り、初めて閔（福建省）中に植え広めて、大いに歳荒（凶年）を救いしかば、民その利を徳として、金藷と名づけ、蕃国より渡ればとて、蕃薯とも称せしなり』。

と記している。


そして中国から沖縄への甘藷の伝来については沖縄『東恩納寛惇《ひがしおんなかんじゅん》全集』に詳細な記述がある。それによると沖縄本島に明の蕃薯をもたらしたのは、進貢船の総管をしていた野国《ぬぐに》村の某であると記している。明の万暦33年（１６０５年＝慶長10年）のことで、名前が分からないので、一般的に「野国総官《ぬぐにそうかん》」と言われている。野国とは彼の故郷で現在の沖縄県中頭郡北谷町野国、総管とは進貢船乗組員の一役職名の事である。野国総管の家系は代々百姓であったと考えられているが詳しい人となりは不明である。彼は明代中国の福州（現在の福建地方、福州市あたりか）に渡った際、現地の人物から蕃薯を教えてもらい、鉢植えの苗を持って同年のうちに帰国して野国村で試作したという。蕃薯がルソンから中国へ伝播し、その中国から琉球到着まで僅か11年後の事であった。野国総管が琉球にもたらした甘藷を琉球各地に広めたのは儀間真常《ぎましんじょう》（１５５７〜１６４４）であった。この時の経過を『国史大辞典』（宮城栄昌著）は次のように記している。「儀間真常、十七世紀の殖産興業家、琉球王国地頭、最後の職は勢頭《せどう》役、童名真市《まし》唐名麻平衡、尚元王二年（１５５７）麻氏六世として父祖の采邑真和志間切儀間村（現那覇市垣花町）に生まれた。尚寧王十七年（１６０５）野国総管が中国から甘藷を持って来た時、真常は彼を訪ねて、苗を乞い、数年間その栽培と繁殖の法を研究し、その普及に努めた。その結果十余年後には沖縄全域に広まり、台風による飢饉の多い沖縄の食料問題解決に一大光明をもたらした。真常はまた、尚寧王が捕虜となって薩摩に送られた時に同従し、慶長十六年（１６１１）帰国を許された際、綿の種子を入手してきて自分の屋敷内に試植するとともにそれらを織らしめ、後世の琉球絣《かすり》の基を開いた。彼は更に尚豊王三年（１６２２）家人を中国福州に遣わして製糖の法を学ばしめ、それを沖縄中に奨励して、砂糖を国内の重要物産たらしめた。製糖はやがて奄美にも伝わったという。尚賢王四年（１６４４）没、享年八十八歳。」

野国総管が有名になったのはまさに儀間真常の卓越した農作物への見識と行政力がなけ

れば実現しなかったであろう。それと同時に甘藷を琉球各地に普及尽力途中であった儀間真常が不幸なことに島津家久の琉球出兵によって、尚寧王とともに１６０９年4月島津藩の捕虜となり、鹿児島へ連行され、１６１１年8月までの約2年半軟禁されていたことの事実について筆者は甘藷の本土伝播時期を考慮する上で簡単に見逃してはならないと考えている。開戦後約１ヶ月で琉球を占領した島津藩はその後の年貢を強要する基礎として太閤検地に準ずる琉球全島検地を約3年かけて実施している。当然、琉球政府当事者であった2名に対する農政全般の聞き取り調査も現地、或いは鹿児島でも実施され、甘藷に関する記録も残っていてしかるべきであるが占領者島津藩に対する反感からか2人は甘藷について積極的に口述した記録は確認できない。しかし、唯一尚寧王、儀間真常が薩摩抑留から解かれ帰国した１６１１年8月の2ヶ月後10月のこと、琉球出兵で琉球に残駐留していた島津軍将兵も占領政策が終了し、本国薩摩へ帰国することになった。その時の様子を『薩摩博物学史・通航一覧』は次のように記している。『尚寧王は、ある日諸将兵を王城に招いて、送別の宴を開き、その席上、イモのあつもの（羹）を出した。諸将兵はその珍味に喜悦した。諸将兵は、帰国の土産にイモを所望し、王は、生のイモを包みにして、贈呈した。これが本邦に渡った初めてである。』と。この送別の宴の中に栽培方法を知る儀間真常、あるいは薩摩諸将兵の中に、鹿児島に軟禁されていた2人を無事琉球へ送り届け、かつ残留将兵を帰還させる任務を担っていたであろう航海者右田利右衛門尉秀長がいた可能性は十分考えられるのである。

九　承応元年（1652）島津光久が鹿屋郷高須村秀純宅に宿泊した意味は何か？

二代目利右衛門右田秀純の時（承応元年＝1652）8月に島津光久公は何故高須右田仮屋に宿泊されたのかを考察してみたい。その前にまず島津光久とはどんな人物だったのか。朝日新聞出版『朝日日本歴史人物事典』は以下に記す。（一部加筆）

『島津光久　生年：元和二年（1616年8月4日）没年：元禄七年（1694年1月14日）享年七十九歳

江戸前期の薩摩藩主。父は家久、母は島津忠清《ただきよ》女、養母は義久の娘である亀寿、光久は義弘の孫であり、義久の玄孫でもある。薩摩守、大隅守。寛永15年（1638）に家督を継承。島津家19代当主として貞享4年（1687）まで約50年間在任した。学問を好み「寛永大系図」を幕府に献上したり『新編島津氏世録系図』を編集させたりした。国内の事業としては、万治内検を実施して給地の改革を行う一方、大隅国串良等で新川の掘削を行っての新田開発や、永野、芹ヶ野、鹿籠金山の開発を行い、国内の産業の振興を促した。国外との関係事件には、琉球国八重山島に漂着した呂宋船を長崎に送付したこともあり、又、正保2年（1645）には島津家に伝わる「犬追物」を武蔵国に於いて催し、将軍徳川家光に観覧させている。』

余り知られていないが旧薩摩藩内で見られる夏の風物詩、「六月灯」は光久が始めた行事と言われている。又、万治元年（1658）光久は家老鎌田出雲守の旧宅だった鹿児島城下北部の大磯下津浜門屋敷を御用地と定め、御仮屋を築いた。これが仙巌園の始めである。これらの事から光久は新進気鋭かつ聡明な当主であったことが伺われる。光久が1652年8月に佐多へ向かう途中の5日間と帰路10月下旬に3日間高須に滞在した理由は何か？　恐らく一義的には、大隅守として石高を高める為、当時自ら主導した大隅串良の新川掘削による新田開発の事前調査或いはその後の進捗状況を視察したかったのであろう。【注記：この大隅国串良町下中には大隅半島唯一と思える利右衛門の顕彰石碑が現存している。詳細は拙論後部で紹介したい】。

では2番目の佐多訪問の目的は何か？　実は大隅国佐多には島津光久の親戚があった。鎌倉時代の文保2年（1318）島津宗家4代当主忠宗の三男忠光が大隅国の佐多を与えられ「佐多氏」を称したのが始まりである。当然、親戚との親睦を深める目的もあったであろうが、それだけでは光久が高須経由佐多行きと帰りの間約2ヶ月間も佐多に滞在した説明にはならない。佐多にはもう一つ訪れるべき狙い（朱印状琉球渡海暦のある右田家とを結びつける何かが）あったのではなかろうか。佐多伊座敷にそのことを伺わせる石碑文がある。

『史跡（佐多旧薬園）　昭和七年十月一九日（国）指定

佐多薬園はもと伊座敷村字堀切及び上之囿平の二園からなり、俗に龍眼山と称した。三国名勝図会に「薬園」として「伊座敷村に二園あり、当邑は本蕃の境内最南端にて暖気の地なる故、草木の性寒を畏れる者も能く生長せり、故に本府より薬園を置く。種々の奇薬珍果の類、若干種を植ゆ。此の薬園、日本の諸国になき草木も能く生長する処なれば、真に奇宝の薬園というべし、此の薬園、創めて開かれたる年月詳ならず。或いは宝暦・明和（1751～1772）の頃に国老菱刈実詮建議して創建せりという」とある。龍眼の木の植裁については同薬園伝来の文書（現在磯尚古乗成館蔵）に貞享四年（1687）四月十一日付の『佐多伊座敷村以内龍眼以木植場目録』があり、それによると新納《にいろ》時升《ときます》進上の龍眼の木植え付けのため、下屋敷三畝廿歩の地を指定した事が明らかである。当薬園における龍眼以外の植物、薬種の栽培について、明証を欠くが、他に吉野及び山川にも薬園があり、いずれも開明藩主島津重豪が経営につとめたものという。昭和六十一年十月　南大隅町教育委員会』

上記碑文中「龍眼」は琉球から移入したものとされている。約30アールの園内には龍眼のほか、レイシ（ライチ）、ゴレンジ、アカテツ、オオバゴムノキ等がみられる。また、文中「この薬園、創めて開かれたる年月詳ならず」とされているが、光久が南洋植物とりわけ薬草（漢方薬）を収集し、佐多旧園開祖となっていたことは否定できない。とすると島津藩から利右衛門の役職名を世襲している2代目利右衛門秀純と息子3代目秀門も又、初代利右衛門秀長と同じように、琉球へ赴き光久御要物を買い調えて（佐多旧薬園・山川・

吉野両薬園等へ納品）していたのではないだろうか。１６５２年は琉球へ甘藷が伝来してから47年経っている。中国から琉球へ蕃薯が伝播したのに僅か11年であったことを考えると、47年は遅すぎるくらい不自然である。筆者はこの頃大隅地方に甘藷は静かに深く伝播していたのではないかと次の理由等から考察する。①伊予国（愛媛県）宇和郡三間城址に土居清良（１５４６〜１６２９年）という戦国武将がいた、彼の一代記が『清良記』でその第7巻が農書である。その著者は土居水也、成立年代は寛永5年（１６２９）とされている。彼はその農書の中で、芋を二四種列記しているが、白唐芋、自然芋、つくね芋、琉球芋等の記載がある。これらはカライモの方言名でも有る為、カライモに間違いない。とすると１６２８年以前にカライモが四国地方に伝播していたことになる。又、②「成形図説」（１８０４年）によればカライモの伝来は慶長・元和（１５９６〜１６２４）年（長崎・平戸、坊津）等で、ほぼ17世紀の初め頃だということになっている。更に③江島長左衛門為信は元禄5年（１６９２）に日向（宮崎県）から今治地方にからいもを伝えている。為信は日向飫肥藩（日南市）の出身で日向で作られていた琉球芋を救荒作物として作ることを勧めていたという。しかしこれら有力な大隅初伝播説（②を除く）も幕末『三国名勝図会』利右衛門の功説が余りにも有名になりすぎた為、逆にその年代を疑問視・低評価されているのが実情である。

十　からいも種子島への伝播について

17世紀末（１６９８年）種子島の島主種子島伊時（久基）は尚貞王にイモを求め家老の西村時乗に栽培を命じた。西村は西之表の下石寺の休左衛門にこのイモを試作させたという。『種子島家譜』に次のような記事がある。「慈年（１６９８）中山国王、甘藷一篭を伊時に贈る。家老西村権右衛門時乗に命じ、我が采邑石寺の野に於いてす。日本甘藷の権與《けんよ》なり。」そして現在西之表市下石寺の境内に下記の碑が立っている。『日本甘藷栽培初地の碑　男爵　種子島守時　題』

「本邦甘藷の栽培は、実に我が種子島に創《はじ》まり、種子島は我が下石寺を以て試作の地と為す。故に題して、日本甘藷栽培初地之碑と曰《い》う。初め栖林公、治を図るや、志《こころざし》、済民に在り。かって琉民より甘藷の利を聞き、折簡して之を求む。元禄十一年戊寅三月、中山王尚貞《しょうてい》、一篭を贈る。公大いに喜び、家老西村権右衛門時乗に命じて、之を植えしむ。時乗、命を奉じ、我が下石寺の休左衛門をして試作せしむ。里人、その事を伝うるのみならず、御家譜、之を証《あか》し、ここに栽しここに培し、蕃殖《はんしょく》して、その功五穀に当《あた》る。歳月怱々《そうそう》、慈《ここ》に二百三十年、その間、海内に広布し、民庶、その徳を仰がざるなし。我が下石寺の地たる叢爾《そうじ》たる一小部落なりと雖《いえど》も、日本甘藷の乱觴《らんしょう》たるに想い致せば、亦以て自重する所莫《な》くんば非《あら》ず。即ち邑民相謀《ゆうみんあいはか》り、碑を建てて弗暖《わすれざる》の意を表し、以て後昆《こうこん》に乗ると云爾《しかいう》　昭和三年（1928）戊辰春四月吉日　遠藤家彦謹撰　子島勇之助謹書」（種子島碑文集より掲載）

十一　薩摩半島山川港と利右衛門

さつまいもの伝播について「利右衛門」の存在を一躍世に知らしめた古文書は拙論冒頭に申し上げた『三国名勝図会』である。江戸時代末期の1843年に薩摩藩の地暦書として編纂され、「利右衛門」に関するネタ本となった。しかし、その利右衛門がいつの間にか前田利右衛門となり、全国的に有名となったのは平成6年、山田尚二氏著『さつまいも・伝来と文化』（春苑堂出版）が発刊されてからである。（山田氏が積極的に利右衛門「前田姓説」を提言されている訳ではない。むしろ逆でその説には懐疑的であるが、完全に否定もされていない。）

『三国名勝図会』には次のような文がある。（旧仮名・漢字等現代風に意訳）

『利右衛門甘藷の功　利右衛門は、大山村岡児ケ水《おかちょがみず》浦の漁戸なり。土人の伝えに、宝永二年（1705）乙酉《いつゆう》の年、甘藷を央（鉢）に植えて琉球より携え帰る、是より甘藷暫《ようや》く諸方に広まり、人民その利益を蒙《こうむ》るといふ。利右衛門、宝永四年（1707）丁亥《ていがい》七月死す。墓は当村堂之間にあり、その裔孫《えいそん》何《いずれ》の比《ころ》にか絶えてなし、村民利右衛門が甘藷を伝えしを徳とし、常にその墓を掃除し、花水を供ふ、按ずるに、甘藷は土人の伝えに利右衛門より始めて本藩に伝わるといういへども、既に慶長・元和（1596～1624年）の頃、呂宋《ルソン》等の諸藩より、吾藩の坊津に互市せし時、もたらし来し由いひ伝えぬ。当時の蕃舶は多く坊津に寄港せし故に坊津を唐湊《からみなと》ともいへり、我俗甘藷を唐芋といふ。是は我俗海外の地をさして、都て加良と呼ぶを以てなり。『大和本草・和漢三才図会』等は元禄中（1688

〜１７０４）に撰せし書なるに、甘藷は、先年より薩摩及び肥前長崎へ種ると記す。是、元禄以前西偏には既に渡しを見るべし。』このあと『三国名勝図会』では種子島久基のことも記述され、『然れば甘藷は、利右衛門より始めて伝え得るに非ず。それ以前より、既に吾邦に渡れしこと歴然なれども、土人は云うに及ばず、吾藩人といへども、多く利右衛門を始めとす。是、利右衛門より始めて流行せし故なるべし』と述べている。以上の内容から編纂者は江戸時代末期の１８４３年に１３８年前（１７０５年）の出来事を「土人の伝え」（その地域に住む住民の噂話）として紹介している。従って文章中には辻褄の合わない疑問点がいくつかある。

疑問点①　頴娃郡頴娃郷岡児ヶ水村は慶安３年（１６５０）に山川郷に付けられている。しかし『三国名勝図会』では岡児ヶ村は大山村に編入され、浦になっている。その理由は何か？「土人の伝え」とは１７０５年当時の史実に基づく伝えではなく、１８４３年編纂時情報提供者の声が「土人の伝え」として都合のいいように地域・名称変更されているのではないか？

疑問点②　利右衛門と称される人物は、浦人（漁師）であったという。しかし18世紀初頭の頃は漁師や農民には姓はなく（従って明治時代になって遡った前田姓もありえない）又、漁師の名前が「利右衛門」（藩の武士役職名）というのも著しく時代認識に欠けるものである。『三国名勝図会』は江戸時代末期（役職名が形骸化された時代）に編纂された為、編纂者も錯誤したのであろう。従って信憑性に乏しい（藩の役職名詳細については拙論第六章を再読願いたい）。

疑問点③　漁師「利右衛門」が山川から約７６０キロ余り離れた遠方の琉球に出かけて仕事（漁）をしている。一刻も早く新鮮な魚を消費者に届けるのが使命のはずの漁師が一人で遭難の危険の伴う外洋へ乗り出し、しかも魚ではなく、陸の甘藷を持って帰って来ている。いかにも不自然である。しかし山川から約40キロ圏内の距離にある種子島から持って帰って来たのであれば、その可能性はある。持って帰って来たのが事実ならば恐らく琉球からではなく種子島から持って来たであろう。事実誤認ではないか？

疑問点④　漁師（利右衛門）は１７０５年に甘藷を持って帰って来て僅か２年後（１７０７年）に死亡している。にも係わらず甘藷が彼の功績（持ち帰りのみ）によってすぐに普及したかのように記されている。甘藷の普及には蕃役人等の行政力が不可欠である。従ってどんなに早くても4年以上かかるのが常識ではないか？

疑問点⑤　『三国名勝図会』の編者は1705年以前にも坊津（1613年ポルトガル人）、長崎平戸（1615年ウィリアム・アダムス）、種子島久基（1698年）らによって甘藷が本邦に伝播している事実を（恐らく成形図説を参照して）把握しており、土人伝えの漁師が最初の伝播者でないことは「歴然」と表現し、認識しているようだ。にも拘わらず「土人は云うに及ばず、吾藩人といへども、多く利右衛門を始めとす。是、利右衛門より始めて流行せし故なるべし」と利右衛門の名前を必要以上に強調しているのは何故か？　編者が自ら1705年浦人伝播説を記述することに対し、半分不安な要素が他にあったのではないか？（例えば、大隅地方や他にも別の利右衛門説を唱えている人々が既に多くいるという現実と漁民との整合性をうまく説明できない為。）

疑問点⑥　甘藷を広め、村民から大いに感謝された人の「裔孫」がいつしか絶えてしまい墓守がいなくなった為、村民が代わりに墓を見ているという。常識的にはその子孫親戚が世話をするのであるが、一人もいなかったということは地元出身の漁師・人物ではなかったのではないか？　とするとこれに引き当てられる人物は1636年生まれの3代目利右衛門尉右田秀門が該当となるのだが（1705年の時の年齢は69歳である。年齢的にどうか）しかし、可能性は無きにしも非ず。

十二　3基ある利右衛門の頌徳碑について

さて、利右衛門の頌徳碑は指宿近郊に3基（A・B・C）ある。『山川の文化財』に原文と読み下し文が記載されているので、その文から紹介したい。紙面の都合から（B）（C）は（A）の内容に準じている為、要点箇所のみの簡略記載とした。

（A）『甘藷翁顕彰碑文』（山川町岡児ケ水堂の間）1846年

『利右衛門は山川邑《むら》児ケ水《ちょがみず》の人なり父子乗船《ふなのり》を以て業をなす。かって路につむじ風にあい、舟覆《くつがえ》り、父子溺《おぼ》れて返らず。その未だ溺れざるにあたり、一甘藷を琉球より得て、これを場圃《じょうほ》に植え、蕃延曼生す。戸毎に伝えて植え、民以て糧《かて》となす。近世、先に本邦に樹芸するのみならず、施して他邦に及ぶ。人民多くこれに頼りて、凶歳の患《うれ》いなきを得る所以《ゆえん》のものは、実に利右衛門の功なり。不幸にして、子孫にその杞《き》を奉ずる者なし。邑民《ゆうみん》追悼し、為に墓を建て祭りを致す。その処せしより星霜既《せいそうすで》に百二十八年を経《へ》たるも、土人今に至るまで呼びて、甘藷翁の塚となす。然《しか》り而《しこう》して墓誌湮滅《ぼしいんめつ》し、法号且《まさ》に不詳ならんとす。詣《もう》でる者、これを憾《うら》みとす。ここにおいてか、碑を墓側に建て、その略状を録《ろく》し、繋《つな》ぐるに銘を以てす。銘に曰く、ああ甘藷翁、もう極《きょく》の恵み。遺《い》は邑民《ゆうみん》にあり、魂を招き祭りを致す。魂それ施《せん》を享《う》けよ。老少皆詣《もう》でる。生、不幸なりと雖も芳《ほう》を百世に流す。弘化三年（１８４６）丙午5月5日　山川　佐々木廣謙・河野通直　敬撰　』

　上記（A）碑文の建立は弘化3年（１８４６）である。『三国名勝図会』が編纂されたのは天保14年（１８４３）であるから僅か3年後に碑は建立されている。しかし、その内容に、『三国名勝図会』の記述より明らかに異なる内容の表現をしている箇所が3か所ある。①浦の魚戸↓父子乗船《ふなのり》②追記↓父子溺れて返らず③追記↓『子孫にその杞を奉ずる者なし。邑民追悼し、為に墓を建て祭りを致すその処せしより星霜既に百二十八年を経たるも（中略）墓誌湮滅し、法号且《まさ》に不詳ならんとす。（中略）ここにおいてか、碑を墓側に建てその略状を録し、繋ぐるに銘を以てす。』と記述している。特に③の「星霜既に百二十八年を経たる」の意味するところは何か？（A）碑が建てられたのが1846年であるから128年前は1718年である。1年合致しないが、（その墓を）処せし（日）よりという記述から死亡日が1707年ではなく実際は127年前の1719年であったと表現して碑を墓側に建立したと述べているのである。そして、1707年に建立された当時の墓が「墓誌湮滅し、法号が不詳」なのでという理由から墓も立て直しされ、現存する墓には次のような文字が刻まれている。

享保四年（1719）己亥妖一翁祖元居士　七月五日

これらの事から『三国名勝図会』に土人の伝説を情報提供した人物は恐らく碑文を作成した佐々木廣謙・河野通直の両氏ではないかと筆者は推測するのである。しかし、そうなると2人が、慌てて墓碑を建立した理由は何だったのだろうか？　その理由は二つ考えられる。

その一つは筆者が拙論第十一章の疑問点②③で指摘した通りである。つまり、浦人（漁師）が当時あり得ない「利右衛門」（蕃役人の役職俗名）を名乗っていることを後日悟り、（回船業の）父子乗船《ふなのり》と表現を微妙に変更したのである。二つ目は疑問点④で指摘した通りである。つまり甘藷を普及伝播するのに2年では短かすぎるという現実である。2人は周囲の歴史研究家からこの2つの指摘を受け自悔するようになり辻褄合わせの為に、死亡日を12年延長した。それも一番簡単な方法で（宝永を単に享保に）改め、墓・碑両方を建立した（つまり改ざんした）ことが強く伺えるのである。

（B）『甘藷翁頌徳碑』（徳光神社内）1873年

「甘藷の人を養うは五穀と等し、それ天に水干《すいかん》ありて而《し》して五穀に豊凶あり。（中略）昔、宝永二年（1705）薩摩山川邑児ヶ水村の民に利右衛門という者あり。舟子となりて琉球にいたり、一甘藷を得て盆栽して帰り、これを畑に植うるに大いに蔓延す。（中略）利右衛門、既に没す。土人その恵みを思い。相共に塚を立て、呼びて甘藷翁の塚となす。毎年七月五日を以て祭りを致す弘化中（1864）佐々木某等、更に碑を立つ。云々（以下略）明治六年（1873）五月　鹿児島県十等官　今藤廣　撰」

(C)『甘藷翁頌徳碑』(徳光神社境内)　鹿児島県知事　高岡直吉書　大正四年

「本に報《むく》い始めに返《かえ》るは、人道の大義なり、(中略) 宝永2年山川村岡児ヶ村の里人利右衛門は琉球に航して甘藷数顆を載せ還ル (中略) 利右衛門、既に亡し、薩人深くこれをこれを徳とする。塚を立てて、甘藷翁の墓と云う。忌日には必ず祭りを致す。年久しく塚廃る。弘化2年佐々木某等墓を立ててこれを表す。云々 (以下略) 大正四年九月第七高等学校教授従五位山田済斎　撰」

十三　徳光神社明細表の内容についての疑問　明治6年

『山川の文化財』には利右衛門を奉る神社明細表があるので、紹介する。

『神社明細帳　鹿児島県揖宿郡山川村岡児ヶ水三三二番地無指定村社徳光神社

一祭神　玉鬘《たまかずら》大御食持命《おおみけもちのみこと》保食神《ほしょくしん》

一由緒　往時、当薩摩国揖宿郡山川郷岡児ヶ水の利右衛門と称し、舟乗業をなし、元禄の初年（1688）に琉球国へ渡海したるとき、琉球人、芋の如き物を食したり。利右衛門つらつらこれを見て思えらく、このもの我未だ内地に於いて見聞《けんぶん》せず。我ら僻陬《へきすう》（片田舎）の地においては、最も糧食《りょうしょく》を補いあるべしと、僅かに一顆を獲《え》、これを盆栽にして帰り、某圃《ぼうほ》に試みしに、能く土地に適応し、利右衛門喜《き》してこれを採《と》り、以て日用の糧《かて》に代え、ここにおいて唐芋《からいも》と称《とな》え、近隣の争い霊《もと》めてこれを植え、未だ数年出ざるに、関州遂《かんしゅうつい》に競うてこれを倍植するに至れり。利右衛門、その子某と共に再渡航し、芋を持ち帰らんとし、舟にあり。時に颶風暴《ぐふうぼう》に致り、これが為に覆《くつがえ》り、父子共に倫没《りんぼつ》す。時（宝永四年）（1707）己亥七月五日也、（＊注2）享保4年（1719）とあるは、葬儀を為し、墓碑を建てたる日なりしや。死体帰らず、後日大風を思い偲び記したるものにあらめや。これより以て還る歳月の久しき、遂に他邦に蔓延す。弘化三年（1846）丙午五月、山川の佐々木廣謙・河野通直の二人相謀りて、岡児ケ水の堂の間にある石碑の摩滅するを憂い、更に碑を建て以てその概要を掲ぐ、尋《つ》いで、明治六年五月椎原孝助区長たる寸《とき》、郷民又更に徳光の地に碑を建て、甘藷翁と称え、私に送り名を玉葛大御食持命と曰う。明治六年十月一日　徳光神社号、願いにより許可、同年建設。境内地、第一種官有地と官許。明治十二年社殿建設。

上記＊注2の文章表現が少しおかしい。正しくは「享保4年とあるは」の文章の前に「宝永4年の墓誌が」という主語を挿入すると正しい文章になるのではないか？　つまりこの文章の意味するところは佐々木・河野両氏によって死亡日が1707年から1719年へ変更された理由をそれとなく主語を省き、言い繕った上で、死亡日が1719年ではなく元の1707年説が正しいとやんわり元の説に戻したと言うことである。さらに上記神社明細表（明治6年）の中で注目したいのは利右衛門の琉球渡海を元禄初年（1688）としている。宝永2年（1705）ではなかったのか？　単なる誤記なのか、それとも別の利右衛門新情報を把握し訂正したのではないか？（筆者見解は後者のほうになる。貞享4年（1687～1688）新納時升が琉球へ赴き佐多旧薬園に龍眼の木を植えた動静等である）筆者が文中唯一「これは」と思えるのはこの部分のみである。

以上、山川町にある利右衛門関連の墓石、頌徳碑、神社明細表等を列記した。

十四　漁民・利右衛門がいつの間にか農民となり、前田姓を名乗る不思議

『山川の文化財　第六集　徳光神社と前田利右衛門』（山川町教育委員会）には「山川郷土歴史」第二編として、次のような「甘藷翁時暦概要」を載せている。

『揖宿郡山川郷岡児ヶ水の農民にて、その身は乗船業水手稼《かこかせぎ》の一人、姓は前田、名は利右衛門と号す。その祖先出所不詳、時しも宝永二年乙酉の歳、当人が琉球より三顆《か》の甘藷実を盆栽し来たれり。よって本人は、その甘藷の実を自ら園圃《えんぼ》に試培し、生産したるに始まるとの事。然るに、本人利右衛門翁には、宝永四年（１７０７）丁亥七月五日、本船が琉球より上帆の際、山川岡児ヶ水沖合において、その当日逆風の為に吹き離されて行方《ゆくえ》知れず。沈没溺《でき》死《し》の不幸に遭遇すと云う。』

この記事は漁民であったはずの利右衛門がいつの間にか農民となり前田姓を名乗るという矛盾だらけの文章である。漁民や農民が姓を名乗るようになったのは平民苗字必称義務令が制定された明治８年の頃であるから当時の記事であろう。ここでも利右衛門は故郷の沖で１７０７年に遭難したと述べているが、湾内は外洋と比較してそれ程危険な水域では

ない。

十五　漁師利右衛門家の家譜出現の謎

前記『山川の文化財』には『三国名勝図会』で「その裔孫いずれの頃にか絶えてなし」と記述されていた利右衛門であったが、実は親戚が居たとして訂正され、その名乗り出た実弟の家系を、利右衛門家の家譜として次のように記載している。『（　）内の記述は山田尚二氏著記述を参考』旧漢字現代風に意訳

初代：利右衛門（～1719年）――子某（～1719年）
二代：常右衛門（利右衛門の実弟にて、その隣に家宅を設けしが、利右衛門が家に帰らざるにより、同屋敷を併せて、今の依五郎に至る）
三代：良右衛門（享和二年・1802年七月十三日死）
四代：五兵衛（文政四年・1821年五月八日死）

五代：清七（天保四年・1833年五月二十五日死）
六代：前田清左衛門（明治二十三年・1890年一月二十八日死）
七代：前田依五郎（利右衛門と改む。大正三年・1914年八月十一日死）

上記内容の家譜を見て筆者は余りのいい加減さに驚き、右田利右衛門尉秀門の誕生日と年代を照合する気も一時失せてしまった。この家譜は最初から『前田姓』ありきの家譜を作成したのではないだろうか？　故に死亡した利右衛門へ的を絞るように初代設定となっているのであろう。利右衛門が遭難し家に帰って来ないので、実弟と称する人の家系が利右衛門の屋敷を併せ、2代目となっている。ならばそれを証明する父親の名前は何だったのだろうか？　150年たってからそれらを証明できる古文書等は一切無いにも関わらず実はご先祖様は前田利右衛門でしたと時代を遡り名乗り出ているのである。その祖先出所不詳との問い掛けの返答には全くなっていないのだ。（死亡日が1707年ではなく1719年と改変している事にも注意）

18世紀初頭の頃の農民、漁民には姓はなかったという時代認識を著しく欠き、かつ没年のみ記載、各人生誕日不明、甘藷普及の「か」の字も見えない全く信憑性に乏しい家譜である。

以上、『山川の文化財』編集の中から列記した。ここまで列記文を多く紹介したので、ここで論点を少し整理してみよう。

前田利右衛門に関する略年表を作成すると次のようになる。

『前田利右衛門の年表』

一．１７０５年琉球から甘藷を持ち帰り畑に植えた（三国名勝図会）

二．１７０７年利右衛門父（子）の死亡説（三国名勝図会その他）

三．１７１９年利右衛門父子の死亡説（Ａ）（甘藷翁顕彰碑文）

四．１８４６年弘化の頌徳碑（Ａ）（甘藷翁顕彰碑文）に墓を建て替え死亡を１７０５年から１７１９年とする。

五．１８７３年明治の頌徳碑（Ｂ）（甘藷翁顕彰碑文）建つ。死亡を１７０７年に戻し、徳光神社となる。

六．１８７５年明治八年の平民苗字必称義務令の頃　利右衛門「前田」姓を唱える人物出

現。（山川の文化財）第六集（山川郷土歴史第二編）
七．１８７９年　社殿再建
八．１９１５年　社殿改築　大正の頌徳碑（C）が建つ。実際の死亡を宝永四年（１７０７年）とし、墓・碑の建立を享保四年（１７１９）年とする。

十六　３代目利右衛門右田秀門の実像を探る

１６５２年島津光久が高須右田家に宿泊した時、秀門は若干16歳であった。恐らく島津光久に謁見し、右田家嫡子として父から紹介されていたであろう。父秀純はこの時から12年後の寛文４年（１６６４）に死亡しているので28歳で３代目利右衛門の称号を光久から官途世襲し、祖父秀長、父秀純と同様の仕事を継続していたものと思われる。一方、島津光久はこの後、万治元年（１６５８）に仙巌園を造園し、１年後の万治２年（１６５９）山川に山川薬園を創園している。通説では３つある薬園の中で、山川薬園が最も歴史が古いと云われている。一方佐多薬園は貞享４年（１６８７）に新納時升《にいろときます》が龍眼という南方の植物を島津の殿様（光久）に差し上げた、これを佐多伊座敷に植えたのが起源とされているので山川薬園より後に創園されたという事になっている。しかし実際は光久右田家宿泊記録から、既に1652年の頃より佐多旧薬園創園作業が始まっていたであろう事が強く伺われる。また、拙論十三章、徳光神社明細表（明治6年）の記述によると、（前田）利右衛門は元禄初年（1688）頃に一度琉球へ渡海したとこれまでの通説を修正している。もし、この記述が正しければ、当時52歳であった右田利右衛門秀門が新納時升の琉球渡海等の手助けをしたり、又、薩摩山川へ一時赴任し、そこで甘藷を広めていた可能性も否定できない。筆者が拙論第十一章の疑問点⑥で「可能性は無きにしも非ず」と表現した意味はここにある。

尚、3つある薬園（吉野、山川、佐多）の内、利右衛門の功績を直接讃える碑が残っているのは鹿児島市（吉野町）東菖蒲谷にある「老農利右遺徳之碑」のみである。

碑文の中で利右衛門の事を「山川郷人利右衛門」と紹介し、利右衛門が当時「老漁師」ではなく「老農」であり吉野薬園が山川薬園と繋がりがあった事を示す碑文となっている。

ところで、1846年健立（A）『甘藷翁顕彰碑文』の中で、「父子溺れて返らず」の新表記がある。真偽の程は不明であるが、念の為、右田家系図に記された右田秀門一家の家族構成を紹介したい。

右田利右衛門尉秀門家は妻と子供4人の合計6人家族であった。

長女↓次女↓長男（秀親）↓次男（秀陽）

●秀親《ひでちか》：字三太郎十兵衛尉　寛文十一年（1671）辛亥三月二十四日誕生　母　川崎勘助祐重女也

●秀陽《ひできよ》：字兵次丸　延寛六年（1673）誕生　母同上　（注記：上記延寛の年号は延宝元年と寛文十三年が合体した略記である）もし1707年に（右田）利右衛門父子が溺れて返らなかったのであれば、秀門死亡時の年齢は71歳（碑文中の老農と言う表現とは一致している）、また、子（秀親の年齢は36歳）となるのだが、真実は如何に。

串良町の利右衛門碑

十七　大隅半島にある利右衛門の碑について

拙論第九章の注記で大隅半島に唯一と思われる利右衛門の碑・供養塔が肝属郡串良町下中《しもなか》に現存している事を述べた。筆者がその事を知ったのは、山田尚二氏著「からいも・伝来と文化」を読んでからである。氏は鹿児島サツマイモ同好会発行の『さつまいも』２号に記載した「串良町の利右衛門の碑」に１９９０年概略を発表されているが、山田氏もその石碑を知ったのは上野益三著『薩摩博物学史』を読んでからだという。山田氏が昭和62年に現地調査されているのでこれをそのままご紹介したい。

『下中にある碑は鹿屋農業高校前を一直線に数

利右衛門碑

キロ程走り、右折して台地を下った集落の端に建っていた。そこは川の土手にあり、前方には水田が広がっていた。石碑は3基あり、家形石碑の水神が主格で、左端の小さな利右衛門碑(高さ70センチ)は侍者のようだった。人は碑の建っている地形を見てこの碑は移されて来たのではないかと考える。石碑の移転は良くある事だがそれは耕地整理や都市化に伴う道路拡張等やむを得ない事情による。この下中集落では、碑の移転の必然性即ち碑の移転に費用をかけるメリットがあるとは考えにくい。下中集落は、笠之原台地の谷間に開けたところである。利右衛門碑が台地にあれば多くの人の納得は得られるであろう。水の乏しい台地と甘藷はイメージが合う。筆者も動員されて笠之原台地で芋植え作業をした思い出がある（中略）18世紀の甘藷は備荒作物であり、市場を目指して大量生産されるようなものではなかった。板碑に少し似た三角頭の利右衛門碑には次のような文字が刻まれていた。

唐芋元祖　一翁祖元居士《いちおうそげんこじ》　山川児ヶ水之俗
名利右衛門

俗名の「衛門」の辺りから土に埋もれている。掘ったら台石もあるだろう。この埋もれ具合から見ても、碑の移転説には同意できない。利右衛門の法名の「一翁祖元居士」は山川の墓と一致する。この碑で注目されるのは「唐芋」の文字だろう17世紀、サツマイモは蕃薯、ハンス、琉球イモと呼んでいた。サツマイモは、琉球からの第二次伝播から唐芋の呼称・文字が使われるからこの碑も18世紀のものだろう。その手掛かりが他の2基の石碑から得られる。家形石碑には次のような文字があった。

元文三年（1718）奉勧請水神宮石社一常

真ん中の石碑には、次のような文字が刻んであった。

庄屋　平山善兵衛　石工　宅間興八　同宅間善太郎　地方検社《じかたけんしゃ》　本田村右衛門　同五
代助二郎郷士年寄《ごうしとしより》　脇田平覚

元文《げんぶん》3年は1738年である。庄屋は細山田村の村長にあたる。二人の石工の宅間名の通った技術者だろう。刻まれた文字は美しく立派である。地方検者や郷士年寄（現在の町長）が名を連ねているのは、この地の開田が村請新田ではなく、代官見立て新田に相当する事を物語る。下中は藩の企画で水田化したのであろう。唐芋の蕃全体への伝播は1710年代と言われる。

大隅の地でも1720年代までに唐芋の植栽が拡がり百姓たちは大いにその恩恵を受けたであろう。ところが、1730年代の後半、水利事業が進行し、今までの唐芋畑が水田化したのではないだろうか。村の人々は水田化を喜び、水神を祀ると共に、唐芋畑に別れを告げ、唐芋元祖利右衛門の供養碑を建て、追悼の意を表したのではなかろうか？　水神碑が官費で唐芋元祖碑が民費で作られた様子である。唐芋が笠之原台地に進出し、定着していくのは、その後の歴史である。シラス台地と唐芋の組み合わせは今日の地理学の対象ともなって面白いが、当初は、水分の多いところ、やがて乾燥のきつい台地へと拡大していった。それには、台地開拓の進行、いも栽培技術の向上、そして、品種改良を伴っていったのであろう。下中の「唐芋」の文字は本土では現存する最古の金石文《きんせきぶん》だろう』と記している。

上記報告書の内容から注目しなければならないことは、三角頭の利右衛門の碑に唐芋元祖の文字と一翁祖元居士　山川児ヶ水之俗名　利右衛門の文字が刻まれている事実である。

山川児ヶ水の俗名利右衛門の名が有名になったのはその事を記した『三国名勝図会』が薩摩藩内に発刊された１８４３年以降であるから当記念碑が建立されたのも１８４３年以降に建立されたものと筆者は考える。通常頌徳碑や記念碑なるものはその碑が建立された年に偉大な功績があった事実を示すものではなく、１００年から２００年位経ってから先人の偉大な功績が（飢饉等によって）判明してからその功績を偲び、恩恵を受けた人々の子孫達によって建立されるのが一般的である。と考えるとこの記念碑は１８４３年以前の１００年から２００年程前（１６４３〜１７４３年頃）に大隅国串良村下中付近で唐芋元祖と呼ばれた人物が中心となり、既に唐芋の普及に努めていたことを示す決定的な証拠ではないだろうか。山田氏の文章中から串良下中の新田開発が光久によって17世紀中頃に実施されていた事実を氏は当時まだ把握されていない様子が伺われる。もしその事を把握されていたら文章後半の「１７３０年代の後半水利事業が進行した」との氏の説は50〜60年程若返り大隅地での甘藷普及１７２０年説も同様に若返り、全く違う記述になっていたであろう。

十八　「前田利右衛門」の「前田姓説」は間違いである

ところで、『三国名勝図会』で紹介された謎の人物利右衛門とは前田利右衛門なのかそれとも右田利右衛門なのか？　を大隅串良にある顕彰記念碑の記述を頭の中に入れて考察してみたい。筆者は拙論第九章で承応元年（１６５２）八月に島津光久が高須右田仮屋に宿泊された理由を当時実施されようとしていた串良下中に於ける新田開発の指導や視察の為と推察した。とするとこの串良下中顕彰碑に記された唐芋元祖に引き当てられる人物とは当時島津藩の在地役人として光久を現地まで案内したであろう右田利右衛門尉秀純（当時46歳）と息子右田利右衛門尉秀門（当時16歳）の二人が該当する。山田尚二氏によると唐芋が薩摩藩全体に普及したのは１７１０年前後と推測されているが実態は（大隅半島では）薩摩半島より約半世紀程前だった事を強く伺わせている。更に薩摩山川（薬園）との繋がりのある人物で年齢的に引き当てられる人物は右田利右衛門尉秀門でほぼ間違いないであろう。（秀純は１６６４年に死亡している為、年齢的に薩摩地方普及者には該当しない。）又、（前田利右衛門の漁師説では①大隅半島内陸地串良下中の碑文建立の因果関係を説明できない。）そして文中（②山川児ヶ水之「俗名」利右衛門の「俗名」とは一般的に藩の役人や侍者等の俗名である事を示す。）更に（③前田利右衛門と名乗った人物の家譜も全く信憑性＝裏付け資料がない）よって筆者はこれら３つの理由から「前田」姓の利右衛門漁師説は間違いであると断定するものである。

以上筆者はここまで拙論第十一章から十八章にかけて『三国名勝図会』や指宿近郊に現存する3つの碑文や徳光神社明細表等を紹介し、数々の疑問点や矛盾点を指摘して来た。さらに筆者は、右田家に現存する家系図を基に、右田家に17世紀初めの頃から18世紀初め迄の約100年間の間に親・子・孫の3代に亘って島津藩の役職名「利右衛門」の俗名を世襲してきた事実も紹介して来た。「からいもおんじょ」と呼ばれた謎の人物「利右衛門」の正体を探る上でこれ程有力な情報は他にあるまい。しかし、系図には琉球から甘藷を持って来たという直接的な記述が見当たらない。そして、現実は明治時代に名乗った人物の「前田」姓説が何の疑いもなく時代を遡り「前田利右衛門」として定説化しつつある。どうしてこのような事態になってしまったのであろうか？　筆者はそのようになった原因と経過を仮説として次のように考察する。（A）1705年当時薩摩半島山川薬園付近に於いてからいも普及に務めていた島津藩役人（右田）「利右衛門秀門」の存在があった。その噂は住民に琉球から持って来た人物がいるとして既に17世紀末より評判になっていた（B）ちょうどその頃、「種子島」で普及し始めていた甘藷を山川へ持ち帰り、近所に広めていた漁師親子がいた。２年後その漁師父子は海難事故で死亡した。（C）１３８年後『三国名勝図会』の編纂者が甘藷伝播の情報を収集したところ、（A）と（B）の情報が組み合わさった情報が寄せられ為、編集者はその説を信じ込み山川の浦人（魚戸）利右衛門が琉球から持ち帰って来たいわゆる「土人の伝え」を掲載してしまった。（D）それから３年後の１８４６年その情報提供者と思われる人物２名によって死亡日が当初より12年延長された墓と頌徳碑が建立された。（E）それから30年後の明治８年頃にその漁師の子孫が家譜を『山川の文化財　第六集　山川郷土歴史』に発表し、「前田」姓を遡って名乗るようになった。（F）山田尚二氏著『からいも・伝来と文化』が平成６年発表され、「前田利右衛門」説が定説化してしまった。という仮説（つまり、『三国名勝図会』の浦人（漁師）説は半分正しく、半分間違っている「利右衛門が他人と置き換わっている」という主張）である。筆者の主張するこの「仮説」に基づいて再度拙論第十一章を精読願いたい。すると筆者が掲げた②～⑥の五つの辻褄の合わない疑問点に対する解答はこの「仮説」によって十分説明できるものとなっている。

ところで、甘藷の琉球から本土への伝来ルートの定説は現在では下記の３つに絞られ、最も有力な説となっている。それは、①1611年島津家久が琉球出兵した時に兵士が持ち帰ったという説　②1698年種子島の島主種子島久基が琉球王尚貞より取り寄せたという説　③1705年山川の漁師前田利右衛門が甘藷を持ち帰り普及させたと云う説である。拙論では①に該当する人物は右田利右衛門尉秀長である。そして③に該当する人物は上記十八章で述べた説の理由から右田利右衛門尉秀門が該当する。筆者がここで特に強調したいのはこの定説となっている3つの有力な説のうち②を除く①と③の2説が2名の右田利右衛門に該当するのではないかという事実である。

十九　右田家「利右衛門」伝説の真実とは

唐芋とは不思議な作物である。食物に不自由しない時代には見向きもされないが、一旦食料危機が発生すると絶大な威力を発揮する。人々は大飢饉を経験して初めて備荒作物としてその有効性を認識したのであろう。そして唐芋を伝播するには単に持って来ただけでは不十分で、儀間真常のように、その有効性を認識し、普及に努める行政力を持った人物の存在が不可欠である。１６１１年琉球出兵から帰国したであろう利右衛門秀長が手土産として甘藷を持ち帰った説はかなり有力である。しかし、１６１１年以降大隅地方で普及があったとの文書記録は見つからない。従って利右衛門秀長はその有効性を認識できず高須村付近のみの伝播に留まった可能性も又否定できない。但し、徳川幕府は寛永10年（１６３３）一次鎖国令から寛永16年（１６３９）迄の五次に亘って鎖国令を発し、その後も幕末まで一般人の海外渡航は禁止されていた。従って当時唐芋伝播の記録を公的に記録できない環境があったのも事実である。これから述べる以下の文は筆者の右田家「利右衛門」伝説の私見結論である。

寛永10年（１６３３）９月に秀長が没し、二代目利右衛門となった秀純はその後、秀長が琉球から持って来た唐芋の備荒作物としての有効性を認め、親戚のある高山町や串良町近郊で、深く静かに浸透させていた。串良下中に建立された 唐芋元祖 顕彰碑文の意味しているところは串良新田開発の現場行政官者と串良町近郊付近で唐芋を普及させていた人物は同一人物である事を示している。とすると、唐芋元祖とは当時16歳であった秀門よりもむしろ当時46歳であった秀純のほうが最も適合する。そして、碑文後部もう一つの

一翁祖元居士　山川児ヶ水之俗名　利右衛門の文字の意味する人物（『三国名勝図会』や指宿近郊の碑文や神社明細表等で浦人（漁師）利右衛門と記述され、薩摩半島にて唐芋を普及させた人物）とは三代目利右衛門尉秀門が最も適合する。琉球普及時の例に例えると、野国総管に相当する人物は右田秀長、儀間真常に相当する人物は右田秀純と秀門の親子2名となる。そうすると伝説の唐芋元祖「利右衛門」の正体とは1人ではなく親、子、孫三代(約100年)に亘って琉球渡海に携わった利右衛門3人のそれぞれ活躍の合作だったという結論である。

二十　失われた三つの遺品と「宝物」の正体

歴史浅学の筆者が、この拙論を展開する際、右田家系図の他に実在した古文書や掛け軸、墓石碑等が残っていればもっと簡単に証明できたのにと思われる残念な事件が三つある。それは①「御朱印状」の紛失、②高須町内各家墓の集団移転、③樹齢3～400年「ソテツ」老大木の倒壊と死滅である。

①の秀長が島津義久から拝した「御朱印状」は筆者が中学生の頃までは確かに存在していた。父は大事な古文書であると額縁の裏に隠していたが、何時の頃にか不明になった。②＝高須海水浴場海岸沿いの線路内側に高須町内各家の墓霊園があった。しかし、昭和53年2月鹿屋市の方針により、高須中学校裏山手側に集団移転新設する事になり、存在していた利右衛門等の右田家由緒ある墓石等は滅失してしまった。現存しているのは当家長男和昭が撮影し、移転の際残してくれた利右衛門秀門と秀長、秀純、秀安等と思われる計5枚の写真のみである。③＝筆者が中学2年の夏休みの頃、当家系図を筆者は中学校社会科の先生に鑑定してもらった。すると先生は「琉球から宝物を持って帰って来たのならソテツの木の下にきっと埋めてあるぞ」と半分冗談交じりに解説された。その説明を真に受けた筆者は「宝物」とは金銀財宝等と信じ込み翌日の日曜日ソテツの木の根元を掘ってみる事にした。ところが1～2メートル掘り進んだ所を親父に見つかり叱られてあわてて埋め戻したのであるが、不十分な埋め戻しであった為、ソテツの大木は徐々に傾き、ほぼ横倒しとなってしまった。それでもその後約10年ほど生存していたが、昭和49年頃遂に朽ち果ててしまったのである。現在その地には穴を掘った当時、筆者が赤いソテツの実2～3個

を植えた所から2本芽を出し、それぞれ約2メートル程の大きさに成長している。筆者がそのソテツの前を訪れる度にソテツは江戸時代から現存する小さい記念碑（内神様）の前で何かしら悲しく訴えるように佇んでいる。今から約53年前、筆者が金銀宝石類の財宝有りやと夢想し、必死に穴を掘って探した琉球伝来の「宝物」が、実は『金銀財宝よりもっと価値があり、大勢の人の飢餓と命を救った真の宝物』として、それが飽食21世紀の現在、もう日本の何処にでもある「さつまいも」だったという笑うに笑えない右田家歴史上本当の出来事だったのである。

◎おわりに

江戸時代末期（1843年編纂）島津藩の地歴書『三国名勝図会』によってその名が知れ渡るようになった『利右衛門』について、その後、多くの歴史研究者が実像を求めて薩摩藩に残る古文書や指宿近郊にある頌徳碑、徳光神社に残る神社明細表を基に推測を重ねて来たが、決定的な資料が見つからず、本名や誕生日、没年さえも不明であった。しかし、今回筆者が開示した右田家に現存する「家系図」はその事を詳細に明示し、又、「利右衛門」が「前田利右衛門」ではなく「右田利右衛門」である事を示しうる貴重な資料となっている。右田系図から判明した「利右衛門」に関する新事実の要点をまとめると以下の通りである。

⑴　これまで「利右衛門」は一人と信じられて来たが右田系図では「利右衛門」は３人実在していた事を示す。初代利右衛門右田秀長、二代目右田秀純、三代目右田秀門である。三人は島津藩の武士役職名である「利右衛門」の官途俗名を17世紀初めから18世紀初めの頃迄、約１００年の期間三代に渡って時の藩主義久、光久等に仕え世襲を許されていたこと。

⑵　これまで甘藷の本土伝播時期について『薩摩博物学史・通航一覧』に１６１１年島津家久が琉球出兵の時に兵士が手土産として持ち帰った事実が記載されている。しかし、それが将兵の誰であったかこれまで特定できなかったが右田家系図から「利右衛門」右田秀長が年齢的にも最有力候補者である事が判読、説明できること。

⑶　これまで「利右衛門」伝説は指宿近郊の頌徳碑や徳光神社明細表によって偏った論拠が組み立てられ、大隅串良下中にある唐芋元祖、俗名「利右衛門」について、山川との

繋がりを説明できる資料がなかった。しかし、右田家系図は1652年8月島津光久が串良下中の新田開発の為、右田仮屋に佐多行き途中と帰りに計8日間宿泊し、当地へ現場行政官右田秀純の案内によって赴いていた事が伺われる。後に同じ串良下中に利右衛門の唐芋元祖顕彰碑が建立された事はその当時の現場行政官（秀純）が唐芋元祖と同一人物であることを示す決定的証拠である。又、碑文後部「山川児ヶ水俗名利右衛門」の記述は3代目利右衛門を示し、利右衛門親子2人が関与している為、碑文の示す山川（1705年）との年齢的矛盾は説明できること。

(4) 同様に光久が佐多を訪れた1652年当時1歳であった島津光久の五男島津久達《ひさみち》は寛文12年（1672）年佐多丹波久利の養子として佐多家第16代当主を襲名している。島津光久と佐多旧薬園の繋がりが益々緊密になり、右田秀門も光久の御用物を買い調える為、再度南方に赴き、山川薬園や吉野薬園へ納品や出張していた事が伺い知る事ができること等である。

初代利右衛門が持ち帰った唐芋は2代目利右衛門右田秀純の行政指導によって17世紀中

頃には大隅半島に深く静かに広まった。唐芋はその後3代目利右衛門秀門の行政指導によって18世紀初め頃には薩摩半島へも広がり１７３４年薩摩地方を訪れた青木昆陽が知る事となった。「カライモ」はその後、彼の功績により「サツマイモ」と名称を変え全国へ普及し、江戸時代後半に発生した享保（１７３２年）、天明（１７８３〜８８年）、奥州（１７８４年）、天保（１８３２年）の大飢饉の時に備荒作物として、その実力を如何なく発揮し、大勢の人々の命を飢餓から救ったのである。右田家系図によって判明した３名の右田利右衛門による偉大な功績とその未だ知られざる真実を後世の人々はもっと深く知る必要があるのではないだろうか？

【追　記】――あとがきに代えて――

当拙論を書き終えた2週間後の今年（２０１７年）１月18日のこと。ホットした気分で訪れた大和市図書館にて筆者はある本に接することができた。その本とは黒嶋敏《さとる》氏著『琉球国王と戦国大名』吉川弘文館（２０１６年３月発刊）である。その本の中で氏は「島津藩琉球侵入までの約半世紀」について詳細を述べられている。その本の55頁に島津氏が発給した印判（琉球渡海朱印状＝薩摩藩に残る原本或いは写し）を表一として纏められているのでその内容を簡略して紹介したい。

その表一によると島津氏は第1回目、延徳4年（1492）島津忠昌の時から慶長7年（1602）までに朱印状を計14回発給している事が記述されている。第2回目（1563年）以降の発給者はすべて島津義久であるので、義久は都合12回朱印状を発給した事実が判読できる。注目すべき事は、天正18年（1590年）の9月26日付（12番目）のと、9月28日付（13番目）（朱印状2回発給で一渡海分）は筆者が当拙論第七章で紹介した山中貞則氏が沖縄公文書館に寄贈された書状との年号が一致しているのでその時の書状（朱印状）と考えてほぼ間違いないであろう。発給地（大隅国根占湊）、渡航船名（小鷹丸）船頭名（橋和泉拯）である。そして最も注目すべきは最後の14回目慶長7年（1602）壬寅9月7日発給の内容である。その詳細は以下の通りである。

発給地：「大隅国富隈之湊」

渡航船名：「住吉丸」
船頭名：「彦兵衛尉」（花押と朱印あり）
出典根拠：「国分諸古記」

となっている。筆者は「富隈之湊」がどこにあるのか気になり、早速ネット検索（ヤフーで）「大隅国富隈之湊」と入力し、⑥朱印状の項をクリックしてみた。すると右田家に昭和30年代末頃まで現存し、その後行方不明になっている朱印状の原本が写真付きで紹介されているではないか。筆者はそれを見て大変驚いたのは言うまでもなかった。そしてその原本は現在『国分郷土館：霧島市国分上小川３８１９番地』に所蔵され平成6年5月に霧島市指定の有形文化財として一般公開されている事が判明したのである。郷土館による写真の紹介文は以下の通りである。「この朱印状は、慶長7年に島津義久が大隅国富隈之湊住吉丸の船頭　彦兵衛尉に与えたものです。彦兵衛尉は航海の術に優れていたとみえ、慶長14年の琉球出兵の時にも船頭として手柄を立て、新たに知行をあてがわれています。」と述べている。

問題はこの彦兵衛尉と名乗る船頭が誰なのか？「住吉丸」は商船なのかそれとも島津藩の官船なのかという事である。

筆者にとって考えられる対象者は右田家系図に記載された右田利右衛門尉秀長（慶長7年当時、25歳前後）とその父、秀乗《ひでのり》（この人は離島の壱岐出身で天文18年誕生、慶長13年没　当時53歳）である。2人とも航海の術に優れていたのは間違いないであろう。

右田家系図の記述を念頭に以下は筆者の見解となる。

秀長は当時島津藩の兵衛府に仕え、武士役職名である彦兵衛尉を名乗っていたのではないか。住吉丸は父秀乗が壱岐島から乗って来た私有船であるが官船として徴用されたのではないか。秀長はその後、琉球出兵の時に手柄を立て、大隅国高須村に知行地を宛がわれると共に右衛門府へ異動となり、以後、高須村在地役人となり、利右衛門という俗名を名乗ったのではないかと。

いずれにしても、利右衛門右田秀長がまぎれもなく琉球出に関与していたであろう可能性を示す貴重な史料となっている。

【参考文献】

『三国名勝図会』南日本出版
『成形図説』国書刊行会
『朝日日本歴史人物事典』朝日新聞出版
『顧みて悔いなし私の履歴書』山中貞則著　日経事業出版
『琉日戦争1609島津氏の琉球侵攻』上里隆史著　ボーダーインク社
『さつま人国誌』桐野作人著　南日本新聞社
『さつまいも伝来と文化』山田尚二著　春苑堂出版
『薩摩博物学史』上野益三著　島津出版会
『鹿児島のさつまいもの変遷と活用』鹿児島純心女子短期大学研究記要
『国史大辞典』宮城栄昌著
『種子島碑文集』下野敏見・鮫島宗美編集・沖縄「東恩納寛惇全集」第一書房
『山川の文化財　第六集「徳光神社と前田利右衛門」』鹿児島県山川町教育委員会（三基の「甘藷翁顕彰碑文」と「徳光神社明細表」を含む）
『史跡「佐多旧薬園碑文」』南大隅町教育委員会
『琉球王国と戦国大名』黒嶋敏著　吉川弘文館

＊大隅第60号発刊（２０１７年４月）一か月後の反省

【訂正とお詫び】

【原稿締め切り直後に出版に間に合わせようとして慌てて作成したこの【追記】あとがき論文後半筆者見解部に誤りがある事が後になって判明した。又、それに併せて論文一部にも誤植があった。その為、次年度大隅第61号に改めて続編投稿文を発表する事になった。】

＊印の文章以下は２０２１年10月　追記述

大隅第61号（続編）へ続く

続・『カライモ翁《おんじょ》前田利右衛門』説異論

（はじめに）

サツマイモが琉球から本邦（本土）へ最初に伝来した時期や伝播者等はいまだに諸説があり結論が出ていない。しかし、現在では下記の3つの説が最も有力とされている。

①1609年島津家久が琉球へ出兵した時、占領政策が終了し帰還する薩摩兵士が1611年に持ち帰って広めたという説（典拠：通航一覧・貞享松平大隅守書上）

②1698年種子島の島主種子島久基が琉球王尚貞に懇願して苗を種子島に取り寄せたという説（典拠：種子島家譜）

③1705年山川の漁師（利右衛門）が漁のついでに琉球へ立ち寄り持ち帰って広めたという説（典拠：三国名勝図会その他）である。

この有力3つの説の中でとりわけ③の漁師利右衛門説は明治時代になって名乗り出た人物の前田姓が遡って「前田利右衛門」として3つの中でも最有力の通説として一般的に普及し定着している。しかし、真実は果たしてそうだったのだろうか？　筆者はこの③説に大いに疑問を抱き、前号『大隅第60号』でこの漁師「前田利右衛門」の「前田姓」説は根拠に乏しく、間違っているという仮説「真の利右衛門が他人（漁師）に置き換わっている」を述べた。今回の拙論では前号の追記（あとがき）の中で新たな史料の発見による私見一部修正と誤植部訂正も含め、改めて③の１７０５年伝播説及びその後の「前田姓」説に異を唱えるものである。

一 「通航一覧」について

①の１６１１年島津藩琉球出兵時に兵士が持ち帰った説は、上野益三著『薩摩博物学史』の中で「通航一覧」の記事を引用して紹介されて以来近年になって漸く一般に知られるようになった。その内容について筆者は前『大隅第60号』の拙論第八章の中で、以下のように紹介した。

１６１１年10月半ば琉球出兵で琉球に残駐留していた島津軍将兵も占領政策が終了し、本国薩摩へ帰国する事になった。その時の様子を「尚寧王は、ある日諸将兵を王城に招いて、送別の宴を開き、その席上、イモのあつもの（羹）を出した。諸将兵はその珍味に喜悦した。諸将兵は帰国の土産にイモを所望し、王は、生のイモを包みにして贈呈した。（注1）これが本邦に渡った初めである」と。

カライモの本邦初伝播時期についてこれ程はっきりと具体的に記述された有力な古文書は①説を除いて他にない。この記事の内容が正しければ③の1705年山川の漁師(前田)利右衛門」説は（前田姓）ばかりでなく本土初伝播の時期についても②（1698年）説と共に否定されなければならない。

ではその根拠となった古文書「通航一覧」とはどのような経過で編纂された史料集だったのだろうか？　前駒沢大学教授箭内健次《やないけんじ》氏は『日本大百科全書』（小学館）に下記の通り寄稿されている。

『通航一覧は近世末期、江戸幕府によって編纂された近世外交関係史料集である。林述斎《はやしじゅっさい》の立案に係る徳川家創業を中心とする大規模な編纂事業の一環として、当時昌平坂学問所内に設けられた記録所に於いて、林大学頭《はやしだいがくのかみ》あきら（復斎《ふくさい》）の下で、宮崎次郎大夫成身以下十一人の編纂員により、約四年の歳月を経て終了した。編纂の動機が当時の日本をめぐる国際環境の急迫に対応するための修史事業であったことは言うまでもない。編纂開始の時期は必ずしも明瞭ではないが１８５０年（嘉永３）をさかのぼることとあまり遠くない時期と考えられる。内容は１５６６年（永禄９）三河国片浜浦に漂着した安南（現在のベトナム中部）国船の事件に始まり１８２５年（文政８）の異国船打払令までの対外交渉に関するおびただしい記録を、琉球、朝鮮、唐国、南蛮諸国、阿蘭陀《オランダ》、イギリス、シャム、ロシア、アメリカ等の国別と長崎異国通商部とに２大別し、付録に海防などの史料を収めている。この正編は１８５３年末か１８５４年（安政１）の初めに完成し呈上したものと考えられる。本史料は収録史料名を明記しつつ、綱文をもってまとめるなど、極めて良心的編纂（私見を加えていない）であり、収録された史料のなかで既に散逸したものの多いことから、この分野の研究には第一級の史料として貴重なものである。現存のものは正編３２２巻、付録22巻、国書刊行会本は８冊よりなる。』（『日本大百科全書』小学館）という。

利右衛門のネタ本となった薩摩藩地歴書『三国名勝図会』が編纂されたのが１８４３年（天保14）であるからそれから約10年後に江戸幕府側が日本各地から史料を収集し、編纂されたことが理解できる。これまで一般に「通航一覧」は、正編については国書刊行会から刊行された活字本（1912〜13年）、続編については箭内健次氏が校訂した活字本（精文堂・1967年）が広く利用されている。ただし正編については刊本の時期が旧いため、誤植と思われる箇所や挿絵を省略した箇所が少なからず存在しているという。これらの事実を踏まえ、改めて『薩摩博物学史』に引用された部分（注1これが本邦に渡った初めである）前後の文を中心に通航一覧の原文には実際にどのように記述されているのかを覗いてみよう。

二　「通航一覧」巻の四　琉球国部の四に以下の文がある

（旧漢字等現代風にして意訳、（　）・ふりかな・西暦数字等は筆者による加筆）▼は典拠書名、▲はその典拠書の内容説明文

○中山王来朝（注・原文に誤植あり（か＝の）と思われる）

●慶長十六年（1611）辛亥《しんがい》、去る歳、島津少将家久、中山王尚寧を帰国せしむへきの命を蒙《こうむ》り、また明主よりも請う旨あるによて、ことし終に尚寧王及ひ俘囚《ふしゅう》（＝捕虜）を

国に還す、是より彼土に監国を置き、法制を定め毎歳薩摩に納貢せしむ。同年十二月十五日家久か使者、尚寧の謝使を率ゐて駿府に来たり、家久か亡父三位法印竜伯か遺物（＝死者のかたみ）を献し、「龍伯はことし正月廿一日卒す」かつ尚寧か事を言上す、よて東照宮ハ彼謝使を駿府城に招き、前殿において拝謁《はいえつ》をゆるさる、献物あり、「尚寧か帰国、家伝の書に分明ならされとも、南浦文集載尚寧か書版、及ひ琉球国事略等に、薩摩に在る事、三年にして国に帰ると記し、はじめ尚寧か薩摩に来たりしハ（慶長）十四年（1609）にして、今年に至りすへて三年に及ひたれは、今駿府記等によりて決す、此の後将軍家御代替わり、及ひ中山王襲封の時ハ、必ず使者を奉り、国王みつから来らさる事となり、其の官家を賀するを賀慶使といひ、襲封を謝するを恩謝使と称す。こハ使者来貢の条に詳《つまびらか》なり」

▲慶長十五年（1610）庚戌《かのえいぬ》上意に而《しこう》して中山王帰国いたさせ申し候

▼『貞享松平大隅守書上』『島津家譜』『貴久記』『官本常代記』『創業記』『慶長年録』

○「按するにこれらの書(上記▼6書)によれハ、尚寧の帰国ハ、慶長十五年(1610)のことくなれとも、こハ総記せしものにて、ただ家久国にかえりて後、明年帰国

せしめしを詳《つまびらか》に記さる々のみ、下の寛永島津家家久譜等に、其の年を越さすして、
帰らしむとあるハ全く誤りなり」

▼『琉球談』

▲慶長十六年（1611）辛亥十二月十五日、島津龍伯為遺物長光刀左文字脇差献之、就之去歳所檎来之琉球王帰之、則琉球之往来可為如前々之由、自大明国依請之、彼王帰遣之旨言上、依之琉球人着府、則於前殿御覧之、薬種及彼邦之異物等献之

▼『駿府記』

▲慶長十六年（1611）十二月十五日琉球使来薬物土産

＊（**筆者補足①**）

慶長14年（1609）3月初旬に琉球に侵攻した島津軍は約1か月で琉球を制圧、圧倒的な薩摩軍勢に押された尚寧は4月4日降伏を申し込み、自ら首里城を出て、三司官の一人である謝名親方《じゃなうえかた》の屋敷に移っている。16日には樺山久高、平田僧宗と崇元寺で対面している。この間首里城では宝物の点検・接収が進められている。捕虜となった尚寧は謝名親

方、儀間真常等約百余名と共に5月16日那覇を出港、薩摩に向け連行されている。その後、尚寧らは6月23日、鹿児島に入り家久、義久、義弘へ謁し謝礼をなしている。島津氏は尚寧らを抑留とするも謁見後は俘虜の扱いを以てせず賓客として彼らに接し、しばしば宴を給する等の厚遇を与えたという。(国分諸古記)

これには琉球中山王を利用して日明貿易の仲介たらしめたいという家康、家久らの意図があったといわれている。琉球平定の報が駿府、江戸に伝わるや、将軍徳川秀忠は島津家久、義久、義弘に褒書を遣わし、徳川家康も家久に対して戦功を賞し、琉球領地の「黒印状」を下府している(下げ渡すこと)。これによって年が明けた慶長15年(1610)に尚寧の家康・秀忠への拝謁が決まった。鹿児島で越年した尚寧王とその随行百余名の使節団は初夏に鹿児島を出発し、駿府城、江戸城へ赴き臣従を表明することとなった。その年(1610)の8月駿府城で徳川家康と、9月江戸城にて徳川秀忠とそれぞれ拝謁、進物を献上している。尚寧が江戸で秀忠に拝謁した際、秀忠は琉球国の存続を認め、他姓の人が王位に就くのを禁じたという。家康及び秀忠も尚寧王を一国の君主として対等の立場として丁寧に対応したが、尚寧王にとっては苦痛以外のなにものでもなかったであろう。ここに琉球は王府という国家機構を残しながら、島津氏の影響下に置かれる事になったのである。尚寧一行は慶長16年（1611）8月琉球への帰国に先立ち家久から奄美大島・徳之島・喜界島・沖永良部島・与論島を島津氏の直轄地として認めさせられ琉球本島以下先島までが国王領8万9086石と決定された。また家久は国王尚寧と三司官には起請文《きしょうもん》を書かせたが署名を拒否した謝名親方《じゃなうえかた》は処刑されている。起請文には薩摩の琉球征伐が正当な行為であったという内容が記され子々孫々まで起請文に背かないというものであった。さらに追い打ちをかけるように知行、農政、商業等万般にわたり、琉球支配の大綱を示した「掟十五ヶ条」が与えられている。

この掟十五条の第一条に貿易に関し「薩摩御下知之他、唐え眺物可被停止之事」（薩摩からの注文商品以外の中国での交易の禁止）、第六条「従薩州御判形無之商人不可有許容事」（島津氏の許可（朱印状）無き商人の受け入れ禁止）、第十三条「従琉球他国え商船一切被遣間敷事」（島津氏以外の諸大名との交易禁止）の他、琉球政府内の人事や年貢徴収、治安維持など全般にわたる法令が定められた。通説では尚寧が帰国したのは慶長16年（1611）八月といわれているが、この掟十五条の日付けが慶長16年9月19日付である為、九月帰国説も否定できないであろう。いずれにしても尚寧の抑留期間は3年というのは正確ではなく、2年半に満たないものであった。尚寧が帰国した年（1611）の12月15日島津家久と尚寧の謝使は駿府城を訪れ家康に拝謁している。その時、家久は竜伯の遺物（長光刀と左からの文字で書かれた脇差し）、尚寧の謝使は薬種及び彼邦の異物（珍しきもの）を家康に献上したとしている。尚、文中、竜伯、もしくは龍伯と記述された人物は（亡父もしくはことし正月廿一日卒す）との記述から島津義久（1533〜1611年1月21日死亡）であることが推読できる。

（＊島津家久は島津義弘の子で最初の妻の亀寿は兄から引き継いだ島津義久の娘である。よって、家久にとって島津義久は伯父であり義父でもあった）

▼『琉球国事略』

▲慶長十六年（1611）、中山王尚寧得還国

（1611年琉球国王尚寧は（薩摩から）本国へ還る事得たり）

▼『南島誌』

中山王尚寧日本に居る事三年、過《あやまち》を悔《くや》み、罪を謝し、慶長十六年（1611）漸《ようや》く

本国に帰る事を得たり、此の時神君（島津）家久に琉球国を属し給ひけるにより、永代附傭の国となり、臣とし仕《つか》ふる事、甚敬《はなはだうやま》めり、夫《それ》よりして将軍家御代替りにハ、中山王より慶賀の使臣を来聘《らいへい》せしめ、彼国の代替わりにハ将軍家の鈞命《きんめい》を薩州候より伝達せられて、而《しか》して後、位を嗣《つぐ》他日恩謝の使を奉るなり、其国唐と日本の間にある故、嗣封《しほう》の時は彼国よりも冊封《さくほう》を受るなり、されとも唐へハ遠く、日本へハ近き故、日本の扶助にあらされハ、常住の日用をも弁する事能《あた》ハす、去るによりて、国人耶麻刀（大和《やまと》の当て字）と称して、甚だ日本を尊《たっと》ふとなん。

▼**『貞享松平大隅守書上』**（貞享年間に編纂された家久に関する書状）

▲中山王尚寧帰国の後、彼国守護に留《とど》まりたる薩摩の将士帰朝せんとす、時に尚寧送別の宴を開き、其の調味に蕃薯を出す、将士みなこれを珍味なりとして、乞ふて齎《もたら》し帰る。「（注2）これ此物の本邦に渡りたる始めなるへし、其後数多彼国より薩摩に渡して其製法をも伝へたり、（注3）享保年中（1716〜1735）官命あり、国益の物たりとて、諸国につくらしめられ、伊豆国附諸島にも遣ハされて、其の地に植しめらる。」

▲嶋津家久中山王尚寧をして本国に帰す、「按するに、原書年代を記さす、其の証前条にあり」時に彼国蕃手に残りたる薩摩の諸将も、帰朝すへしと使を以て申《もうし》送る。依之《これより》十月半《なかば》諸将帰朝せんとするにより、尚寧諸将を王城に招いて饗応せらる。時に琉球芋を羹《あつもの》にして、すすめけれハ、いずれも珍味なりとて喜悦しけり、国王自ら出でて、是は小国に沢山生する物也、賞玩せらるるこそ満足なれとて、生なる芋を取り寄せ出しけれハ、諸将是ハ珍物也、帰国のみやげに所望申《もうし》たしとありけれハ、国王悦《よろこ》び大なる苞《つつみ》にして進《すすめ》らせけり、帰国の後、（注4）太守へも奉りけれハ、太守も珍らしと賞味し給ひ、これより歴々の調味と成、軽きものハ食する事能《あた》ハす、年々琉球へ所望し求められしに、寛永年中（1624〜1644）にいたり、琉球より是をあまた献し、其の製法をくハしく書付奉りけれハ、薩州にて作らせるるに、よく生して琉球より送りし所に違ハす、他国へも遣《つか》はしけり。

（注5）「按するに、享保年中（1716〜1735）嶋津氏よりの書上に、琉球より薩州へ渡し候て、三十四五年程に罷成《まかりなり》（＝終了した）とあれハ、天和年間（1681〜1684）の事にして、ここに（貞享松平大隅守書上に？）寛永年中

（1624～1644）といふハ誤りなり」はじめ琉球より来たりしもの故、琉球芋と号しけり、今薩摩にて作る所故、余国にて薩摩芋と唱ふれとも、薩摩にてハ、于今《いまにおいて》琉球芋と呼ぶなり、当時ハ諸国に広まり沢山故、いやしき食物のやうに思へとも、基本を思へハ、いやしむへき物にあらず、飢饉の節ハ、米穀の代わりに食して人命を保たしむ。（注意）（注5）以降の文章は、その内容から「貞亨松平大隅守書上」には含まれず、1800年以降に追録したものと思われる。

＊（**筆者補足②**）

「薩摩博物学史」で上野益三氏は（注1）これが本邦に渡った初めであると表現されているが原文では（注2）これ此物の本邦に渡りたる始めなるへしと記載されている。しかし驚くべき事は『薩摩博物学史』には記載されていない次の（注4）太守へも奉りけれハ、太守も珍しと賞味し給ひ、以下の文の内容である。太守は琉球芋を年々琉球へ所望し求められたとの記述から薩摩太守の命（行政力）によって寛永年中には本邦薩摩藩内に渡って来ていたのはほぼ間違いないと思われる点である。（筆者が前述3説の中で①説が最も有力であると主張している根拠はここにある。）

さて、（注4）以下の文内容から次の事実・事項等が判読できる。

①琉球芋は慶長16年（1611年10月中旬頃）に琉球に残駐留していた帰還兵送別の宴の中で諸将兵に尚寧王から生の土産物として引き渡された。

②諸将兵の代表者は帰還任務の終了報告をかねて太守（家久）へ琉球芋を献上した。

③太守は琉球芋を珍味だと賞味し、その後も年々献上するよう求められた。

④琉球から太守へさつまいもを献上する行為は34～35年後（1645～6年）（寛永末又は正保初年頃）迄で一旦終了した。

⑤サツマイモの植え付け時期は通常4月～5月、収穫時期は8月～9月なので、実際に伝播（収穫）した時期は翌年慶長17年（1612）9月頃であったものと推測できる。

この「貞享松平大隅守書上」に記された太守とは初代薩摩藩主島津忠恒こと島津家久である。では島津家久とはどんな人物だったのであろうか？

島津忠恒は通称又八郎と呼ばれていた。忠恒は島津氏を成長させた島津貴久の孫にあたり島津義弘の子である。天正4年（1576）11月7日島津義弘の三男として生まれた。

伯父島津義久に男児がなかった為、島津家は父義弘が継いだが、長男が死亡、文禄２年（１５９３）次兄島津久保《ひさやす》が朝鮮で病により陣没したため、忠恒が豊臣秀吉の指名により後継者に定められたという。義久は穏健派といわれていたが、家久は武断派であったと言われている。第二次朝鮮出兵・慶長の役（１５９８年）では父義弘に従って寡兵で明軍数万を打ち破る猛勇をみせている（四川の戦い）。

慶長７年（１６０２）関ヶ原の戦いで父の義弘が西軍に属したために、講和交渉をしていた伯父の義久に代わり（人質）として徳川家康に謝罪のために上洛し、本領を安堵とされた。同年、薩摩の内城に入り、父義弘と伯父義弘より家督を継いだが、実権は元和５年（１６１９）までは父義弘に握られていた。慶長11年（１６０６）徳川家康から諱名《いみな》（家康の名前から一文字・家）を譲り受け、家久と名乗った。（叔父に同名の家久が存在していたので区別の為に初名の忠恒で呼ばれることが多かったという）

慶長14年（１６０９）約３０００人の軍勢を率いて琉球に出兵し、占領して付庸国とした。（琉球との融和政策を図る義久とは対立したとされている）また明とも密貿易を採り行い鶴丸城を築いて城下町を整備したり、外城制や門割制を確立するなどの薩摩藩の基礎を固める一方、幕府に対しては妻子をいち早く江戸に送って参勤交代の先駆けとした。元和3年（1617）将軍徳川秀忠から松平の苗字が与えられ薩摩守、大隅守に任官されている。従って松平大隅守とは通常島津家久の事を指す。寛永15年（1638）死去、享年62歳、家督は次男の光久が継承した。

（注5）の「按するに、享保年中（1716〜1735）嶋津氏よりの書上に、」以下の文の意味については「享保年中島津氏の書上」に書かれた中身が不明の為、釈然としない部分ある。『琉球から薩摩へ渡し候て三十四五年程に罷成《まかりなり》』述べている。罷成《まかりなり》とはその作業の目的等が「終了する、完了する、或いは休止する」と言った意味（言い換えると薩摩藩内でも琉球芋の栽培方法を完全にマスター（伝播終了）したのでわざわざ琉球より取り寄せる必要がもうなくなったという意味合い）であろう。幕府側が既に手にしていた「貞享松平大隅守書上」から本邦初伝播の時期が（注2記載）1611年10月と正確に捉えているのであれば三十四五年後は1645〜6年（正保2〜3）でなければならない。しかし、（注5）「享保年中島津氏よりの書状」では寛永年中（1624〜1644）（含む正保2〜3）は間違いであるとし、天和年間（1681〜1684）の方が正しいと表現し

て齟齬をきたしている。

ということは「享保年中島津氏よりの書上」とは1717年頃に書かれた書状ではないかと筆者は推測している。(単純に1682年の35年後は1717年である為)。この推測が正しければ、享保年中に収集した史料（享保年中島津氏よりの書上＝天和年間説）の方が実態はその年代認識に誤りがあったという逆の論理も成り立つ）（その理由については拙論（＊筆者補足⑤）に後述しているのでこのあと参照願いたい）

いずれにしても当時薩摩の最高権力者島津家久が琉球芋を食し珍味だと評価していた事は今までよく知られていなかった事実の新発見として驚きである。では島津家久はその琉球芋の持つ不思議な実力（有力な救荒作物としての認識）を把握できたのであろうか？筆者の答えは否である。その後の薩摩藩の史料から家久が琉球から取り寄せた琉球芋を明確な行政力によって一般に普及させたという公的な記録、あるいはその認識を把握していたという確かな記録は確認できない。あるのは「利右衛門」という藩の役人らしき人物がその間積極的に栽培を推進していたという藩内「土人の噂」が今のところかろうじて『三国名勝図会』に残っているのみである。

家久にとって琉球芋はあくまでも珍品であり単なる嗜好品だったのであろう。その後自ら率先して藩内に本格的に普及に務めた藩主は宝暦5年（1755）～天明7年（1787）に在任した島津藩8代藩主島津重豪《しげひで》以降であった。彼以前の藩主（含む島津光久）にとって一番の興味はカライモではなく年貢米としての石高であったのである。当時の藩政に甘藷の公文がないのは農民の救荒が目的ではなく米租確保の手段が最一番だったからであろう。島津光久が17世紀半ば（1652年頃）大隅串良下中で新川の掘削による新田開発を推進した目的も一層のカライモ普及が目的ではなくむしろ石高（年貢米増）を高める為であった。年貢米はお金とほぼ等しく流通したがカライモは重く、又、腐りやすい性質を持つ為お金と同等に租税還元し得なかったのである。しかし、甘藷は支配者にも都合の良い農産物であった事も事実であった。これによって農民からの貢税の収奪が容易になった。江戸時代後半期島津藩は農民に対し「八公二民」という圧政を強いている。「八公二民」とは収穫米の八割が年貢米となり生産者の取り分は僅かに二割という農民にとって耐えがたい程高率の米祖税であった。これは甘藷があっての実行であったのである。当時の農民にとって強制的に年貢を取り立てる藩の代官は憎しみの対象でもあったに違いない。それにもかかわらず「利右衛門」が後年尊敬されるようになったのは甘藷が救荒作物として有力である事を農民に認識させ、藩主の石高一番主義の藩命に背いてでも密かにそして時には独自に農民に寄り添いカライモの普及に尽力し、台風等自然災害による飢饉から大勢の人々の命を救っていた実績からに他なるまい。

「通航一覧」はこの後、享保年間に活躍した「青木昆陽」についても以下のように記述している

▼『島津琉球軍精記』

▲享保の頃（1734）、浪人青木文蔵（昆陽）、「蕃薯考」併《あわせて》国字訳を作りて、薩摩芋の国用に益ありて、人民の食料をたすくる事を委《くわ》しく記せり、其の由《よし》を上聞《じょうぶん》に達し、小石川御薬園にて試みに植させられ、農民にも作り習ふべき旨仰《おうせ》出され、伊豆の国附島々へも植えさせ、佐渡の国へも遣わさる、其上著述之蕃薯考国字訳板行《はんこう》被仰付（この国字訳された「蕃薯考」を版木に彫って印刷し、世に出すよう仰せらるにつき）、広く作り習ふべき旨、触《ふれ》させらる。其の頃薩摩へ迎遣《おうせつか》わされ、薩摩芋の貯へ方、植付けの法等を尋させらる、薩州より献せし書に付き左に出す、「按す

るに、書付の結末、みな二月とあれとも、其れ何年といふ事を脱せり。」

＊（**筆者補足③**）

青木昆陽《あおきこんよう》（１６９８〜１７６９年）は江戸中期の蘭学者、通称は文蔵、号は昆陽である。京都で伊藤東涯《とうがい》に学び享保５年（１７２０）又は１７２１年江戸に移り住む。１７３３年町奉行与力加藤枝直《えなお》の上申により大岡越前守忠相《ただすけ》を通じ、八代将軍徳川吉宗に推挙され、書物方として各地を巡り、旧記、古文書等を探査した。１７３４年たまたま訪れた薩摩地方にて甘藷の存在を知り、翌１７３５年『蕃薯考』を著した。彼は薩摩より種イモを持ち帰り江戸・小石川白山（東京都文京区白山）の幕府薬草園（現在の小石川植物園）で約５アールの試作を行い、のち下総国馬加《まくはり》村（千葉県花見川区幕張）、上総国不動堂村（千葉県九十九里町不動堂）にて苗を作りこれをサツマイモ（薩摩から来た芋）と名付けて全国各地にも普及させた。（注３）の享保年中（１７１６〜１７３５）官命あり、国益の物たりとて、諸国につくらしめられ、伊豆国附諸島にも遣ハされて、其の地に植しめらる。」の記述は昆陽と幕府側行政力によって伊豆諸島や佐渡等の離島へも伝播して行った事が伺われる。昆陽の役職名については種々異説があるが、１７３９年（元文４）御書物方、１７６７年（明和４）御書物奉行となっている。その間、吉宗の命で野呂元丈と共に蘭学を学び、多くのオランダ語関係の本を著している。『和蘭《オランダ》文訳』『和蘭文字略考』其の他がある。（『日本大百科全書参照』（注３）部等一部加筆）

▼『蕃薯考』青木昆陽著（薩摩藩の公文書『甘藷録考』中沢亮二著との比較）

（さつま芋囲の事）

（注６）『十月の節《ふし》を過ぎ、七日八日目の頃、畑より掘り取るなり。種芋かこひ埋め置きやうの事、畑より掘り出し土を能くおとし、水にて洗ふ事なし、日に乾かし候事なし、吹きさらし候ところハ悪し。山の端にても家の影にても、風あたり不申《もうさず》日向の能く湿気なき所に芋をいけ候。分量ほど、深さ四五尺掘り、四方へ菰《こも》をあて、底にも菰を敷き、その上へ籾からを厚さ五寸程敷き、芋のすれ合う事、不申様《もうさざるよう》に、壱寸ほどずつ間を置き、一通りならべ、また其の上へ籾を二枚程かけ、其の上より土の通らざるため、莚《むしろ》を一枚かけ、其の上へ土を七八寸もかけ置き申し候。湿気にて籾ぬれ候へは、芋くさり申し候。雨、露通

り候へはくさり申し候。疵有之候《きずこれありそうろうの》芋《いも》は、かこいがたく候。疵《きず》の所よりくさり申し候、疵のなきをかこひ申し候、箱に入れ右の通りにいたし候ては持不申候《もちもうさずそうろう》。土はきらひ候らえども土の気、無之候《これなくそうろう》ては、また持不申候《もちもうさずそうろう》。二月の中より十日め程に、苗とこへ入れと申して日当たり能き所へ、馬糞を能くこなし、厚さ五寸程一通り置き、その上へ横に並べ、また其の上へ馬糞を芋の見えざる程置き菰《こも》を一枚通りかけ置くなり。上家をこしらえ、廻りも風の当たらざる様に、菰にてかこひ、日むきの方に口をあけ置き、昼は日にあて、晩には風の当たらざるため口をふさぎ置き、芽の出《い》で候時分は芋一つより芽いくつも出で申し候。芽五六寸にのび候時、かき取り候て、別々に植える、四五尺程ずつ間を置き植える芽のつるに五六寸間にふしあり。五六尺にのび候時分より、ふしの所毎に一寸程ずつ土をかけ置き候へば、其の節より根出で芋出来申し候、こやしは下肥《しもごえ》をうすくして、芋にかからざる様にきはへかけ申し候、出来上がり候までに、二度ほどこやし入れ候て能く候よし。根元の所へこやしを致し候。又、とこへ入れ申さず、直《じか》に畑へ植え付け候時は、芋をいけ候下へ馬糞を入れ、その上へ芋を置き、五寸ほど土をかけ植る也。』

（注7）これ薩州より上る書にして、わが国にて作り習いし法なれば、至ってよろしき

なり。敦書《あつふみ》（＝昆陽の諱名《いみな》）に命じて蕃薯を栽試《うえ》みせしむるにより、この書を観しむるなり。

＊（筆者補足④）

サツマイモの原産地は温熱帯地方ともいわれ、その貯蔵法や越冬法には工夫が必要であった。とりわけ日本の冬は南方より寒い為、処置を誤ると腐らせてしまう例が多く、農民にはその越冬法の知識が不可欠であった。青木昆陽は1735年2月に『蕃薯考』を著し（さつまいも囲いの事）としてその貯蔵法や越冬法について上記のように詳しく解説している。「（注6）（『十月の節を過ぎ～土をかけ植える也』迄の部分。）しかし、驚いた事にこの内容は薩摩藩の公文書「さつまいも栽培法」「甘藷録考」の内容と一致している。『甘藷録考』ではその文末（注7）部に「敦書（青木昆陽）に命じて蕃薯を栽試《うえ》みせしむるにより、この書を彼に観しむるなり。」という記述から青木昆陽はこの公文書を観て（注6）の『』内部分のみを自著『蕃薯考』として（要するに転写《パクリ》して発表していたことになる。当然「通航一覧」には（注7）部の記載はなく、この部分は筆者が参考史料として中沢亮一著『甘藷録考』より加筆したものである。

青木昆陽はこの後、松岡如庵《じょあん》の『番藷録』も手に入れ、あたかも全部が自著作のように改定して「薩摩いも問答」を発表している。

▼『薩摩いも問答』青木昆陽著

〈薩摩芋〉

一、是は唐国より渡来候哉《とらいそうろうや》。

一、いつの頃より薩州にて作り候哉。

一、(注8)唐国より琉球へ渡来、琉球より薩州へ渡り候て、三拾四五年程、罷成候《まかりなりそうろう》

一、唐芋と唱え申し候、皮の色は白赤薄赤御座候、赤き芋は十五日芋とも赤芋とも申し候。薄赤色の事をほけ芋、三つ葉芋とも唱へ申し候、何れも別種にて御座候、風味皆甘く少しずつ替わり御座候。

一、琉球芋と申し候て、別種、有之様《これありのよう》申すものも有之《これあり》、又は同種と申すものも有之候《これありそうろう》。如何候哉《いかがそうろうや》

一、琉球芋と申し候は、唐芋とハ別種にて、はんすいも共《とも》唱へ申し候、皮の色は白赤の芋も有之候《これありそうろう》、是ハほけいも、又は赤はんす芋とも唱へ申し候。皆共内の色は白く有

之、風味ハ皆共別しての替わり無き御座候

一、此の芋薩州にて作り初め候は、程久敷儀《ほどひさしき》にて、年間相知れ不申候《もうさずそうろう》、先達《せんだつ》て申し上げ置き候の通り、少々ずつ作り申し候。

一、右銘々之芋を種取り植え付け候後は、本芋の色にて替わり無き御座候、所により稀には白はんす芋も出来候も有之《これあり》、唐芋よりほけ芋出来候も御座候。

一、百姓共、其れ食べ貯え置き様は如何様《いかがのように》致し候や。

一、貯《たくわえ》置き候後は、二三年計り持ち申すものに候や

一、琉球芋、唐芋生にて貯え置き候儀は、九、十月頃芋を掘り取り、日当たりの暖気成る岸の下、同藪《やぶ》かけ湿気なき所を見合せ、土中を掘り、下には茅《かや》またハわらを置き、雨など洩れ入れざる様堅め置き候得ば翌年三月頃までは、痛不申候《いたみもうさずそうろう》、右時節相過ぎ候まで召《い》け置き候は土中より取出し家のうらに、わら茅の草を敷き、其の上に置き候得ば、五、六月時分までは持ち申し候、または八、九月頃掘り取り、四、五日干し調え籾《もみ》ぬかに交《まじ》え、たわらなどに入れ、火を焚き候上に置き候へば、翌年夏の初めまでは持ち申し候。中にも赤いも能く持ち申し候。

一、久しく貯え候儀は、芋を厚さ壱分程に切り、能く干し調え、壺などに入れ置き、毎々干し候て、保護致し置き候らえば、二、三年までは、痛み申さざる事も御座候。

一、飲料には、粉になし、だんごに致し用い候、または湯で候ても給《たまう》、食にもまぜ粉に致し候、大麦、小麦、栗、蕎麦の粉などにまじえ、だんごに致し候ても用い申し候。

一、唐芋十部出来候地に、琉球芋は七部出来申し候、右薩摩芋、琉球芋の分かり相記し申し置き旨、この節薩州より委細申し越し候につき、この段、申し上げ候。以上享保二十年（1735）二月

▼唐芋苗持様植付之次第（からいもの苗これ植付け持ちようしだい）

一、種隠し置き様《よう》、植え付け様《よう》の儀、かつらを九、十月の時分、霜不降内《しもおりさざるうちに》長さ壱尺四、五寸程に切り、日当たりの岸の下、暖気なる所を見合わせ、横の広さ壱尺七、八寸程に掘り、かつらを四、五寸程出し置き、深さ六、七寸ほど土をかぶせいけ置き、翌年二、三月頃雨降り候の砌《みぎり》、苗植え致し段々にやしないをくれ、四月より五月上旬頃までに植付け申し候。

一、苗芋は、正月末より二月初めまで苗床に馬糞を厚さ一尺余り置き、其の上に芋を並

べ、芋の見えざる程馬糞をかぶせ、わら芥《あくた》（＝くず）をかけ置き、五日過ぎるまで明け候て見申す。芽めくみ候の節、わら芥を取り除き申し候、右の芽七、八寸程成長致し候の節、芽をかき取り植え付け申し候、又は、芽を厚く苗床にふせ置き候得は、芽出で候の節は芋共に別床に直し、芽出かつら三、四尺に成長致し候節、七、八寸壱尺程にも切り、植え付け申す事もこれ有り候、芋薄く苗床にふせ置き候へは、別床に直し候には、および申さず候、其の尽床に置くかつら右のごとく三、四、五尺になり候の節、切り候て植え付け申し候、但し畠へ植え付け候は、横にかつらを植え付け、土三四寸かけ申し候。

一、掘り出し候時分は、九、十月霜降りさざる内に取り申し候。

一、琉球芋、唐芋かつらの様子、同様に相見え申し候。以上二月

▲享保二十年（1735）乙卯《いつぼう》年閏《うるう》三月九日、吹上奉行石丸定右衛門は薩摩芋作りを仰せらるに付き候の処《ところ》、宜しく出来候て之れ腐りも無し。精を出し仕《つか》える候につき、銀三枚をこれ下される。、其の外添奉行以下にも拝領物を之れ下される。以上

▼『享保年録』

（注9）有徳院様薩摩芋種を御取り寄せ、諸国御代官へ仰せらるに付き、公民へ種を御貸与下される、所々に作らせたまふ。その形状は魚のごとくにして、万民見慣れざるものゆへに、これをくらはす、之に依りて林大学頭へ命せられて、薩摩芋の功能書付開板あり、人これを喰うときは、その徳ある事を記させ給ひしかば、世上の人々漸く疑を散《ちら》して、今専《もっぱ》ら世上にこれを賞玩して、貧民のため、あるひは飢饉のときなど、甚だ夫食の助けとはなれり。

＊（筆者補足⑤）

江戸時代中期の本草家で松岡如庵《じょあん》（1668～1746）がいた。京都に生まれ、字《あざな》は成章《なりあき》。稲生若水《いのうじゃくすい》に本草を学び、やがて小野蘭山《おのらんざん》らの門人を育てたという。松岡は享保2年（1717）に『番藷録』を書いたと言われている。惜しいことにこの秀れた本は刊行されなかった為、原本は残っていないという。しかし、本の内容等については中沢亮二写しの『甘藷録考』の中に残されていた。青木昆陽の『蕃薯考』に先立つこと18年前（1717年）に既にサツマイモに関する本が存在していたのである。青木昆陽はこの『番藷録』を参考に一部改訂して『蕃薯考』を著している。薩摩芋の全国的普及に大功績のあった青木昆陽であるが、その初期頃の著作物については他人の写本《パクリ》が多かった事が後世の歴史学者等にその学者としての評価を落とされている原因の一つであろう。ところで『薩摩いも問答』の中で興味深いのは（注８）の部分である。

（注８）唐国より琉球へ渡来、琉球より薩州へ渡り候て、三拾四五年程、罷成候《まかりなりそうろう》

青木昆陽が『蕃薯考』を著したのが１７３５年であるから35年程前は１７００年頃である。しかし、昆陽が写本した松岡如庵の１７１７年著『番藷録』を基準にして考えると35年前は（１６８２年頃＝天和年間）となる。＊（筆者補足②）の中で（注５）に（注８）と同様の文がある。とすると（注５）に記された「按するに、享保年中（１７１６～１７３５）嶋津氏よりの書上に、」と記された島津氏よりの書状とは年代的に松岡如庵の「番藷録：１７１７年著」であった可能性が高いと思われる。いずれにしても１７１７年もしくは１７３５年頃の薩摩の時点では薩摩芋が琉球から伝播してきた時期は１６８２年と１７００年頃迄に罷成《まかりなり》と二通りに捉えられていた事が伺い知る事ができるであろう。

『三国名勝図会』の編纂者が③１７０５年初伝播説を採用したのもこの時代に青木昆陽の

１７３５年著『蕃薯考』という写本した書物があった事の影響が少なからずあったものと推定されるのである。『貞享松平大隅守書状』を詳しく検証すれば、「寛永年中罷成説」が正しく、松岡如庵の「天和年間説」は正しくなかった事は明白であろう。ましてや青木昆陽写本由来の１７０５年初伝播説は何をか言わんやである。

尚、『享保年録』に記載された（注9）の有徳院様とは第八代将軍徳川吉宗の事である。

以上『通航一覧』（巻之四）に記された内容をデータ化された原文から紹介した。これらのことから薩摩芋の本邦初伝播の時期については＊（筆者補足②）で述べたように①説（１６１１）年10月琉球出兵から帰還した兵士の持ち帰り説）が時期的にも３説の中で最も古く、そしてその信憑性ついても最も高い事が判読証明できたのではないかと思う。さらに筆者は『大隅第60号』の中で①説、尚寧王主催の送別の宴の中に薩摩芋の栽培方法を知る儀間真常、或いは薩摩蕃諸将兵の中に右田（利右衛門尉）秀長が居たのではないかと大胆な仮説を述べた。次章以降ではその可能性について探って見よう。そもそも島津義久は朱印状を主にどのような目的で利用していたのであろうか？

三　琉球渡海朱印状について

島津氏発給の朱印状がいつから琉球交易に適用される制度となったのか詳しいことは良く解っていない。これまでは永正5年（1508）の文書を根拠に16世紀初頭には島津氏が琉球渡海朱印状を出す制度が成立していたとも言われている。一般的に交易船に朱印状を出すその目的は、お互いの身元の確認、関税徴収に必要な輸出入許可証的なものであった。従って島津貴久と義久の時期の朱印状を単純に同一視する事もできない。貴久の時期には冊封使の来琉球によって厳戒態勢が敷かれた那覇港に於いて島津氏側の船の身元を確認する為だけの手段でもあった。当時は倭寇の全盛期でもあったのである。ところがそれが島津義久初期の時代になると日向国伊東氏等との対立勢力を牽制する為のものに変わっている。永禄13年（1570）義久の代替わりを琉球に告げた際、島津老中より琉球の三司官に宛てた書状には次のように記されている。

「この国干戈《かんか》の休期無きにより、近年往還の商人正躰《せいてい》無く候、向後《こうご》正印を帯びず渡船の族《やから》は、船財物等貴国の公用たるべく候」（年月日欠、島津氏老中連署状案「旧記」後1―

637）

（最近、島津国領内では戦乱が休まる暇もなく、琉球と行き来する商人たちが規範を守らない。今後、島津当主が発給する正印（印判）を持たない者は、船や積み荷を琉球で公用に没収して欲しい）

もしこの書状の要求通り琉球側が実施すれば、琉球は島津氏公認の船舶のみと交易する事となり、島津氏のみが交易の利益を独占することが可能となる。

この時代島津氏が神経質なまでに敵対視していたのは「日向」を拠点としていた伊東氏であった。戦国期伊東氏は日向国の山東地域を巡って島津氏と抗争をしていただけでなく、自分こそが「三州守護職」の継承者と標榜していたのである。琉球から日本へ向かう船が東海岸を経由する場合は日向国伊東氏と西海岸を経由する船は島津氏と関係をそれぞれ深めていた。東海岸の先には瀬戸内海や畿内へと続く大動脈が控えており当初は伊東氏の方が上り調子だったのである。

そこで伊東氏の琉球交易を牽制する為に島津氏が持ち出したのが「印判」制度（琉球渡海朱印状）だったのである。当然伊東氏の反発も大きかった。両者の対立は次第にエスカレートし、舞台は日向の庄内地方に移った。ここに入ったのが、義久の弟島津義弘であった。元亀３年（１５７２）に義弘の居城飯野城にほど近い木《き》崎原《さきばる》で伊東氏との衝突が起きている。この時伊東勢は大将の伊東新次郎ほか名だたる武将が討死にする大敗を喫している。以後、伊東氏は島津領への侵攻を企てるが庄内地方を回復する事はできなかった。（上井覚謙日記：天正３年（１５７５）1月27日条）その後、伊東氏の影響力は徐々に後退し、翌年から天正２年（１５７４）にかけて、伊東氏と連携していた肝属《きもつき》氏、禰寝《ねじめ》氏ら大隅の領主らは続々と島津氏側へ帰参して来た。勢い付いた島津勢は天正４年（１５７６）秋、高原城（宮崎県高原町）を攻略、翌天正５年（１５７７）島津義弘はついに日向中央部へ進出したのであった。16世紀の初めから抗争を繰り返して来た片方があっけなく崩壊したことで南九州の勢力図は急変した。ここに薩摩半島、大隅半島、日向南部の主要港湾を一元的に掌握した戦国大名が誕生したのである。以後、琉球交易に於ける島津義久の影響力が飛躍的に高まって行ったのはもはや自然な流れであった。

このような歴史的経過を踏まえ、現在判明している史料の数々を観る限り、戦国大名島津義久の発給した「琉球渡海朱印状」は16世紀中期の南九州の政情の中でその時その時の状況に合わせて新たに付与されていった文書と考えるのが適切であろう。しかし、朱印状には見逃してはならないもう一つの重要な役割があった。その役割とは島津、琉球間の政府間手紙文書の受渡し時に於いて、その発送元身元の真偽を確かめる手段としてのツールだったのである。郵便制度の整っていない戦国時代から江戸時代初期にかけて、薩摩から琉球国政府へ送られた沢山の書状、或いはその返書等は「交易用朱印状」を持った船頭のみならず重要書簡等に関しては「密使役人用朱印状」が別途託されていたのではないかと筆者には思われるのである。

四　そもそも朱印状とは何か？

では朱印状とは当時どのような性格の書状を指していたのであろうか。一般的に朱印状とは日本において花押《かおう》の代わりに朱印が押された公的文書（印判状）のことである。特に江戸時代において、将軍が公家、武家、寺社の所領を確定させる際に発給したものは「領地朱印状」とも呼ばれていた。印判状には朱印状と黒印状の（朱・黒）色2種類があった。

日本最古の（朱・黒）印状は永正9年（1512）に西光寺の棟別銭を免除する為に今川氏親が発給文書に用いたのが最初と言われている。

これに対し、花押《かおう》とは記号もしくは符号風の略式草書体自署《サイン》の事である。上記「印判」と区別して書判《かきはん》ともいう。その目的は印章と同様に文書に証拠力を与えるもので、個人の表徴として偽作を防ぐ為、その作成には種々の工夫がこらされた。織田信長も公文書に黒印・朱印を用いたが黒印は主に自分より格の低い人物宛（薄礼）に用いられ、花押（書判状）は自分より同等もしくは格の高い人物宛（厚礼）に用いられたという。続く豊臣秀吉は朱印のみを多用した。徳川家康は更に楕円形の朱印と四角形の朱印の使い分けを行った。海外貿易を許可する際には後者を押した朱印状を授けたことから、この朱印状を受けて貿易を行った船を「朱印船」と呼び、後に「朱印船貿易」の呼称が発生する。従って「御朱印状」とは交易用の朱印状を指すことが一般的であった。しかし、17世紀初期頃から義久発給の朱印状は交易による利潤を獲得する手段専用というよりは重要な手紙交換用にその効用が推移した傾向が伺われるのである。

五　島津氏発給「琉球渡海朱印状」の残存状況について

幸いなことに島津氏が発行した交易用朱印状（薩摩藩に残る原本或いは写し）は黒嶋敏《さとる》著『琉球王国と戦国大名』（吉川弘文館出版）の中（55頁表1）で詳細を記載されているのでご紹介したい。「旧年号の干支（⑭を除く）及び花押・印の項は省略した」当本は筆者が今年（2017）の1月18日にたまたま訪れた大和市図書館で目に留めたものであった。（表1）

番号	和・西暦	日付	在籍地	渡航船名	船頭名	発給者	出典名
①	延徳4年（1492）	2月10日	（不明）	（不明）	町木	忠昌	旧記前偏2―1708
②	永禄6年（1563）	2月28日	日向国櫛間湊	天神丸	日高但馬守	貴久	旧記後編1―250
③	天正2年（1574）	4月1日	薩摩国坊津	宮一丸	渡辺三郎五郎	義久	旧記後編1―735
④	天正9年（1581）	12月21日	大隅国根占湊	小鷹丸	妹尾新兵衛尉	義久	旧記後編1―1263

⑤	天正10年（1582）	1月17日	薩摩国坊津	権現丸	山崎新七郎	義久	旧記後編1－1263
⑥	天正10年（1582）	9月15日	隅国根占湊	小鷹丸	磯永対馬丞	義久	樺山資之家紀並日誌
⑦	天正10年（1582）	9月15日	大隅国新城郷	大鷹丸	岩元源太郎	義久	垂水市史上巻615頁
⑧	天正10年（1582）	9月17日	向国福嶋湊	恵美酒丸	日高新介	義久	町田氏統系図13正
⑨	天正12年（1584）	11月9日	薩摩国坊津	天神丸	鳥原掃部助	義久	輝津館寄託資料
⑩	天正12年（1584）	12月9日	薩摩国山川津	（不明）	（不明）	義久	上井覚兼日記
⑪	天正15年（1587）	2月25日	大隅国根占湊	小鷹丸	橋本左京亮	義久	旧記後編2－236
⑫	天正18年（1590）	9月26日	大隅国根占湊	小鷹丸	橋和泉丞	義久	町田氏統系図16正
⑬	天正18年（1590）	9月28日	大隅国根占湊	小鷹丸	橋和泉丞	義久	旧記後編2－694

⑭	慶長七年壬寅（１６０２）	9月7日	大隅国富隈之湊	住吉丸	彦兵衛尉	義久	国分諸古記

筆者はこの本を読み、55頁（表1）第⑭番目「慶長七年壬寅」の文字に目が釘付けになった。早速、家に飛んで帰り、右田家系図を確認すると共にヤフーで「大隅国富隈湊」と入力し、ネット検索した所、驚くことに朱印状の原本は現在「国分郷土館」に蔵置されていることまで判明したのである。そこで、

◎A右田家系図記載●秀長の項を再掲すると以下の通りである。

『●秀長《ひでなが》 右田利右衛門尉秀長　慶長七年壬寅《みずのえとら》九月「太守義久公拝御朱印、渡丁琉球国買調御用物」

（慶長七年（１６０２）九月島津義久公より御朱印状を拝し、琉球国へ渡航、御用物を買い調えた） 寛永十年（１６３３）年九月二日死去　法号篤釣浄純居士』

（慶長7年当時右田利右衛門尉秀長の推定年齢は25歳である。）

◎B一方「国分郷土館」に所蔵・展示されている第⑭番目の朱印状原本写真は以下の通

大隅国富隈之湊住吉丸
船頭彦兵衛
琉球
慶長七年壬寅季秋七日義久
下

朱印状原本の写し「国分郷土館所蔵」

りである。

朱印状には次のように書かれている（原文は縦書き）。

大隅国富隈之湊《みなと》住吉丸

船頭彦兵衛

琉球

慶長七年壬寅季秋《きしゅう》＊七日　義久　（花押）と（四角い朱印）

下

＊季秋《きしゅう》は秋の末のこと、陰暦では九月になる（「国分郷土館所蔵」朱印状原本の写し）

右田利右衛門尉秀長が島津義久より拝した「御朱印状」は筆者が中学生1年の頃までは確かに我が家に存在していた。父はこれは大切な古文書だと額縁の裏に隠していたがその後いつの頃にか行方不明になってしまった。その時の筆者の脳裏に焼きついている朱印状の微かな記憶は達筆な筆書きであった事（当然何が書かれているのか解読できなかった）と左側文下にやや大きな朱印が押されていた事であった。父は古文書が行方不明になった事を悔み一時ションボリしていたが、将来原本が藩内の何処かにあるかもしれないから良く記憶に留めておくようにとポツリと筆者に語ったことがあった。しかし、その原本が今年、平成29年（２０１７）1月18日に偶然手にした一冊の本から「国分郷土館」に所蔵されている事が判明したのには大変驚いた。しかも乗っていた船の名前まで判明したのである。父の予言がまさか的中するとは夢にも思わなかったので筆者は小躍りして喜んだのは言うまでもなかった。その時の経過状況は『大隅第60号』あとがきに「追記」として以下のような仮説を筆者見解として拙論最後に慌てて述べた。

「秀長は当時島津藩の兵衛府に仕え、武士役職名である彦兵衛尉を名乗っていた。「住吉丸」は父・秀乗が壱岐島から乗って来た私有船であるが官船として徴用された。秀長はその後、琉球出兵の時に手柄を立て、大隅国高須村に知行地を宛がわれると共に、右衛門府へ異動となり以後高須村在地役人として利右衛門尉という俗名を名乗ったのではないか」と。

しかし、その後の調査で筆者の仮説前半の下線部分が間違っていた事が判明したのである。（但し後半部は間違っていないと信じている。その理由については拙論後部第十章にて後述説明としたい）

原稿締切り直後で検証する時間が足りなかったとは言え、筆者は喜びの余り大きなミス（裏付け調査不足）を犯していたのであった。その後の調査で彦兵衛尉は右田利右衛門尉秀長と同一人物ではなかった事が判明したのである。

（表1）第⑭番目朱印状の出典根拠となった『国分諸古記』に船頭彦兵衛について次のように記されている。

「国府の士、堀切彦兵衛の事、義久公の尊命を蒙《こうむ》り、琉球御退治前に船頭仰せ付けられ候に付、海上御安全、首尾能く御手に入り、請願たておき、慶長十四年の春、家久公山川湊まで御出張遊ばされ、人数琉球に御差し渡し、早速御退治、中山王尚寧は降参し、役願成就《やくがんじょうじゅ》に付き再興と相見え候」。

さらに、国分市内堀切家に現存する堀切氏家系図の中には次のような記録が残されている。

●堀切彦兵衛

「太守義久公御朱印也、且亦琉球国征伐為船長依功給新知之高知而領之元和六年庚申（1620）六月十三日卒、法号月浦宗左譚居士　葬小村東光院自分創立於此寺也」（彦兵衛は太守義久公より御朱印を拝し、且亦《かつまた》、琉球征伐の際には船頭として功を為し、新たに知行を宛がわれた。元和6年（1620）庚申《かのえさる》6月13日死亡、法号月浦宗左譚居士　墓は自ら創立した寺、小村の東光院に葬られている。）（小村は広瀬川河口の浦町）

堀切彦兵衛については、これもたまたま偶然ではあるが前号『大隅第60号』で拙論の後に編集されている井之上光徳氏著の論文『平成外城巡り三』（164頁下段）の中で以下のように記述されている。

『小村の大船頭堀切彦兵衛は、浜之市を母港として朱印船で活躍した。住人は水主賄役（船頭・水夫、船子としての労役）を負担し、営業の大きさによっては運上銀を上納した。六反帆以上の大船持ちは藩の御用船となり、一度の航海で蔵が立つ程の利潤があったという。』

これらの事から慶長7年9月に発行された朱印状原本は「住吉丸」の船頭「堀切彦兵衛」

宛であった事がほぼ正しいと考えるに至ったのである。

もともと朱印状の宛先は他の朱印状を観ても琉球国王宛ではなく船の所有者である船頭宛が普通であった。しかし、ここで大きな疑問点が一つ残った。◎Aの昭和39年頃まで現存し、以後行方不明となった右田家ゆかりの「御朱印状」と◎Bの船頭宛「御朱印状」原本との齟齬である。この矛盾点をどのように考察すれば良いのであろうか。

筆者に考えられる理由は以下の通りである。
①朱印状とはもともと身元確認の為必要とされるものでもある。ならば同じ船に乗船している船頭とほぼ同じもの（副証）を万一原本（本証）紛失時のリスク回避の為、右田利右衛門尉秀長にも発給されていても不思議ではないのではないか。しかし、その可能性は少なかろう。
②日本国内の大名が出していた琉球国王宛文書では宛先は船頭ではなく国王、又は三司官であり、送り状に花押と朱印がセットで用いられている。この時もその送り状「密使役人用朱印状」だった可能性もあるのではないか。（大永7年9月11日付　大内義興書状案「大内氏実録士代　巻十、東京大学資料編纂所」）

同じく（天正18年8月21日付け、島津義久書状「下浮穴《しもうきな》郡役所所蔵文書　東京大学資料編纂所）

③天正18年度（１５９０）（表１）の第⑫番目と⑬番目は同じ船に朱印状が２通発給されている実績がある。（９月26日と９月28日の２日に分けて）在籍地：大隅国根占湊、船名：小鷹丸、船長：橋和泉丞であった。とするとこの時から12年後の慶長7年１６０２年度朱印状も正と副、もしくは船頭宛と琉球国王尚寧宛用２通りの（趣旨の違う）「朱印状」があったとしても不思議ではないのでないか？

いずれにしても右田家に現存していた朱印状がその後行方不明となり、どちらであったのか真実を確認できない事が誠に残念でならない。

さて、前述表1をよく観ると第⑩番目天正12年（１５８４）の渡航船名と船頭宛名が不明（空白）となっている。典拠となった「上井覚兼日記」天正12年（１５８４）12月９日条によれば「都留讃岐丞」という山川の船頭が朱印状発給の返礼として島津氏に銭１００疋《ひき》、老中の上井覚兼に30（疋）を納めていることが記述されている。よって、この時の船頭は「都留讃岐丞」、渡航船名もその１ヶ月前に渡航している「天神丸」である可能性が高いように思われる。

尚、江戸時代（1疋は銭10文、布地2反）に相当したという。合計130疋を現在の金額に換算すると約15万円位になろうか。船頭宛用朱印状は無償で発行されてはいなかった証左である。ちなみに（表1）第⑨番目の朱印状は以下の通り記載されている。（内容的には◎Bとほぼ同じ様式である事が分る）

【参考資料】

◎C（原文は縦書き：坊津歴史資料センター蔵より）

薩摩国坊津天神丸
　船頭鳥原掃部助
　琉球
天正拾二年甲申拾一月九日　義久（花押）と（四角い朱印）
下

いずれにしても慶長7年（1602）壬寅9月7日に堀切彦兵衛と右田利右衛門尉秀長は「住吉丸」に共に乗船し島津義久の命により琉球へ出航したのだけはほぼ間違いないように思われる。

六　山中貞則家蔵古文書（手紙）から判明したこと

ところで筆者は『大隅第60号』の拙論第七章で前衆議院議員山中貞則氏（故人）が実家にあった古文書（天正18年（1590）島津義久から琉球王宛に送られた手紙）を2001年に沖縄公文書館に寄贈された内容と経過を紹介した。筆者は上記③の内容を前号では150頁下段4行目から7行目にかけて以下のように記述した。

『注目すべき事は天正18年（1590）の9月26日付（12番目）のと9月28日付（13番目）（2回で1渡海分）は筆者が拙論第七章で紹介した山中貞則氏の書との年号が一致しているのでその時の書状でほぼ間違いないであろう＊』と。

しかし、この後、同七行「＊＊発給地（大隅国富隈之湊）」との間に誤植の為、＊以下の文章が抜け落ちて発刊されてしまっていたのである。

『＊発給地（大隅国根占湊）渡航船名（小鷹丸）、船頭名（橋和泉拯）である。そして最も注目すべきは最後の14回目慶長7年（１６０２）壬寅9月7日発給の内容である』以下＊＊発給地（大隅国富隈之湊）の文章へ続く。

【原稿締め切り後の手違いにより『大隅第60号』発刊直後に購入された読者には訂正付箋も間に合わなかった事をお詫び申し上げたい。】


いずれにしても少なくとも天正18年（１５９０）年に島津義久から尚寧宛の手紙（山中貞則氏蔵）が大隅国根占湊所属「小鷹丸」船頭（橋和泉丞）で運ばれていた事は間違いないと思われる。その理由は天正18年（１５９０）8月21日付、島津義久書状案『島津１４４５』を調べてみると上記手紙の内容とほぼ一致している事から解る。しかし、この書状を尚寧王に届けた「密使役人」に相当する人物は誰であったかは不明である。黒嶋敏氏によるとこの文書の名義は義久であるが、端書《はしがき》に「京都に於いて忍《したた》む」とあるように政権（豊臣秀吉）の指南によって作成された可能性が高いという。ちなみにこの文書は文言が微妙に異なるもの2通が伝来しているという。一通は同年秋の派遣準備から翌年春の使節来航という日程を指示したもの。（下浮穴郡役所所蔵文書）

もう一通はできるだけ速やかな使節派遣を求めたものとなっている（前掲「島津1445」）最終的にどちらの案が琉球国に送られたのか判然としないが2通の案文が存在したということは、政権（秀吉）側が天下人の権勢を人々に高揚させる為、琉球国からの綾船管絃の派遣を望み、日程にまで神経を尖らせていた事が伺い知ることができて興味深いものがある。一方エスカレートする天下人豊臣秀吉からの要求に手紙を貰った琉球側は困惑したことに間違いなかったであろう。かといって全く無視もできない為、翌年の天正19年（1591）8月義久に渋々宛てた返書では秀吉の東国平定を祝う綾船を近々送る予定とするも琉球は「国家衰徴」の為、贈答品は減らし、ただ楽人の体裁を整える程度の使節団を送るという断り書を送っている（万暦19年8月21日付、中山王尚寧書状写「島津1678」）

ところがこの使節の九州到着は更に大幅に遅れ、結果的に琉球から秀吉への「綾船」が九州に到着したのは翌年天正20年（1592）の4月であった。この間天正19年（1591）

の末、秀吉と琉球との板挟みになった義久は「綾船遅滞」を厳しく糾弾する書状を作成している。秀吉から琉球使節がいつまで待っても到着しないのは義久が怠慢だからと指摘される始末で仲介者としての体面が傷ついたと切々とその窮状を訴えている。(天正19年（1591）12月19日付、島津義久書状案「旧記」後編二書状—796）天正20年（1592）3月朝鮮出陣を直前に控えた秀吉は次のように島津氏へ送っている。

「先度琉球国へ御返書の儀、御出馬時分御取紛れの故、只今彼跡書能く御披見を加えられ候処に、上意に入らず候条、認め直され遣され候、最前の御朱印は返上有るべく候」(以前琉球に与えた書状は、小田原攻め取紛れの最中であった為、見返して見ると気に入らない。ついては書き直したものを送るので、琉球に送り、以前の書状は返上させるように)(天正20年3月14日付、豊臣秀吉朱印状「島津」360）小田原攻めの最中に与えた文書とは来日した琉球使節に持参させた秀吉から尚寧への返書である。新たな文書では琉球が「貴国」から「其地」へ尚寧は「国王」から「王」にそれぞれ書き直されて格下げされるとともに、秀吉が明と対峙するときは琉球は率先して参陣せよと明記している。秀吉にしてみれば服属しているはずの朝鮮や琉球がそろって要求を袖にしたことで、秀吉は服属国の位置づけをも再編（制裁）せざるを得なくなっていったのである。豊臣秀吉が待ちわびていた綾船がようやく薩摩に到着したのはまさに全国の武将が第一次朝鮮出兵の為、肥前名護屋から朝鮮へ渡海を始めた天正20年（１５９２）４月のことであった。この時、事前調整の為、石田三成の家臣が島津領まで下向し、琉球使節と対面したもののその進物は余りにも貧相で、三成が「笑止」という程だったという。（四月八日付、島津義久書状案「旧記」後２—８５１）

七　朝鮮出兵（文禄・慶長の役）について

第一次朝鮮出兵（１５９２年文禄の役）の緒戦では豊臣勢が破竹の勢いで進み、都の漢城《ソウル》の占拠に成功する。この時、得意絶頂となった秀吉は日本の後陽成天皇を北京に移す計画を発表している。しかし、その頃から明の援軍が参戦し、戦況は次第に膠着化して行った。１５９６年６月秀吉は肥前名護屋に於いて明使節に、朝鮮南四道の日本割譲、「勘合貿易」の復活等七ヶ条の要求を示している。しかし、それとは別に前線の小西行長は、明側から外交にあたっていた沈惟敬《しんいけい》と穏便な講和を画策し、明側には秀吉の「関白降表」という偽りの降伏文書を作成、秀吉の講和条件は「勘合貿易」の再開という条件のみであると伝えられた。一方、秀吉には明降伏とも取れる文書を作成し報告している。一時休戦となったその後、「秀吉の（偽）降伏」を確認した明は朝議の結果「封は許すが、貢は許さない」（明の冊封体制下に入る事は認めるが、「勘合貿易」は認めない）と決め、秀吉に対して日本国王「順化王」の称号と「金印」を授ける為、日本に使節を派遣している。文禄5年（1596）9月秀吉は来朝した明使節と謁見、自分の要求が全く受け入れられていないのを知り激怒したという。使者を追い返すとともに、朝鮮へ再度の出兵を決定している（第二次朝鮮出兵（慶長の役）：慶長2年（1597〜1598）。（尚、沈惟敬は帰国後明政府によって処刑されている）しかし、その後は明・朝鮮側の抵抗も強く朝鮮南部に再侵入した日本軍は海岸線に釘付けとなっていた。その間の慶長3年（1598）8月秀吉の病による突然の死去により、日本軍は朝鮮から撤退を始めるようになり、同年11月島津勢の撤退を最後に7年間にわたる戦争は終わったのであった。秀吉が始めた朝鮮出兵は双方にとって無益な戦《いくさ》であった。参加した大名の多くはたくさんの犠牲者を出し、国力を失う中、一人だけ配下を出兵させず国力を温存した有力大名がいた。徳川家康である。兵力の温存に成功した家康は石田三成らに対する不平・不満大名らと結び慶長5年（1600）年9月15日関ヶ原の戦いで勝利を収めている。この時、島津義弘は石田三成に与《くみ》していたが、敗色濃厚となるや敵中突破によりかろうじて薩摩へ逃げ帰っている。義弘一行が九州に上陸した頃、京都では石田三成らが斬首され、三成と共に家康に敵対した島津家はいつ討伐されてもおかしくない状況であった。この島津家存亡の危機の時に家康との交渉を主導したのが島津義久であった。家康からまず義久が上洛して事の次第を弁明すべしという強い要求に対して、義久は病気を理由に先延ばしする。義久の上洛拒否は最悪の場合武力抗戦も辞さないという徹底したものであった。義久のこうした武備恭順の意地に次第に家康も根負けし、次善の策として忠恒の上洛を命じて来た。人質ともなるべく忠恒が伏見城で家康に拝謁したのは関ケ原合戦から2年以上もたった慶長7年(1602)の末のことであった。関ヶ原の戦いに勝利した家康はこの間に西軍に加担した有力大名らの領地をことごとく没収もしくは減石（毛利輝元112万石↓29･8万石、上杉景勝120万石↓30万石）している。こうした厳しい戦後処理の中で島津氏は本領安堵とされた。しかし、これは異例の厚遇であった。その最大の理由は島津氏に領国安堵という恩賞を与えて、服属国家になる事を渋っている琉球を島津氏の手によって日本側に引き寄せ、秀吉が為しえなかった「唐入」（明国との交易再開）したいとの家康の深慮遠謀があったものと思われる。このようにして全国の諸大名を臣従させた家康は翌年（１６０３）征夷大将軍に補任されている。（関ヶ原の戦いで中立的な立場であった豊臣家は222万石から一気に（摂津・河内・和泉）65・7万石に減石され、最終的には慶長20年（１６１５）「大坂夏の陣」の結果豊臣秀頼は自害に追い込まれ豊臣家は滅亡したのであった）

八　島津氏琉球出兵の理由と最後通牒

慶長7年（１６０２）12月に島津忠恒（のちの家久）が徳川家康に拝謁する為、鹿児島から伏見城へ出発する約３ヶ月程前の9月7日に大隅国富隈の湊から琉球へ向かうある一隻の朱印船があった。六反帆の大型船「住吉丸」である。船頭の名前は堀切彦兵衛、同船には島津義久の命を受け尚寧宛密書を携えた右田利右衛門尉秀長も乗船していた。（上記

「尚寧宛密書を携えた」箇所の文は◎Aと◎Bから推測した筆者なりの私見である）確かに◎Aの右田家系図では義久の命により秀長はご用物を買い調えたとなっているが、それだけであれば、◎Bの船頭宛朱印状のみで十分であろう。しかし、秀長はもう一つ別の朱印状を持っていた。その意味は「尚寧宛密書を携えた」に通じるものである。とすれば秀長は義久の庭方役役人であった可能性も否定できないであろう。庭方役とは別名お庭番（普段は庭掃除役）とも呼ばれ位の高い殿様から手紙配送等の指示を受ける際に殿と畳上に対同席ではなく、一段低い庭先で指示を仰ぐ下級武士役人等の事である。密書を託される以上、その役人は殿に信頼を受ける「ひとかど」の重要人物でなければならない事は言うまでもない。後年、明治維新の立役者西郷隆盛が島津斉彬公の庭方役であった事は有名であるが密書運搬人であったが故、その携わった行跡等の内容は余りよく知られていない。

ではその仮説が正しければ、右田秀長はどのような密書を当時携えていたのであろうか？　慶長7年（1602）正月に義久名義で作られた尚寧宛手紙の案文をまず覗いてみよう。（慶長七年正月四日付、島津義久書状案「手鑑」）

「京都兵乱の後、此国の安危計り難きの処、実儀無く静謐《せいひつ》欣悦《きんえつ》に候、貴邦亦《また》同懐たるべきものなり。当春上洛の催しにつき、要用の儀あり」（関ヶ原の戦いの後、島津家の存続も危ぶまれたが、家康から領国安堵となり愁眉を開いた。琉球も同じ感慨であろう。家康の命によりこの春上洛する事になったが費用が不足しているので琉球に経済的支援を求めたい）

この案文は徳川との講和交渉にある程度目安がついた状況下で書かれている事が解る。しかし、この春上洛する予定の人物が義久自身なのか、或いは忠恒を指すのかははっきりしない。いずれにしても当時の島津藩の財政状況が非常に脆弱であり、財政の補填を琉球に期待したものであった。脆弱となったその理由は秀吉から朝鮮出兵の軍役負担を強要され、もとは30万石足らずの石高が太閤検知によって石田三成から57万石に水増しされた為であった事は自明であろう。（新納旅庵自記）

一方筆者は『大隅第60号』で右田秀長が１６０２年９月琉球へ渡航した真の目的は単に貿易をする為に渡航したのではなく、同年冬に発生した伊達領琉球船漂流民39名の送還や、家康宛の返礼等を催促する内容の手紙を託されていた可能性は大いにあると指摘した。慶長７年１６０２年壬寅《みずのえとら》９月に発行された第14回目の朱印状発給以降、義久が死亡する慶長14年（１６１１）正月までの約９年間に約数十通の手紙が尚寧宛に送られている事が確認されている。しかし、これ以降第15回目の朱印状が発給されたという記録は残っていない。ということは、この間の書簡のやり取りの殆どは本船「住吉丸」船頭堀切彦兵衛、庭方役右田利右衛門尉秀長らのコンビによって実施されていた可能性は非常に高いのではないかと指摘したい。その根拠は当時琉球へ渡海するには島津氏発給「朱印状」持参が必要不可欠であったからに他ならない。

さて、島津家久が琉球へ出兵した理由については諸説があるが１６０９年3月に島津勢が琉球に出兵する直前に島津義久から尚寧王宛に作られた「最後通牒」案とみられる文書を読み解いてこの侵攻事件の本質を探ってみよう。(旧漢字現代風にして意訳、ルビ・()内等は筆者による加筆)

『それ巳来《いらい》再三通信せしむ如く、亀井武蔵慈矩《これのり》守琉球の主たらんことを望み、既に渡楫《としゅう》あらんと欲す。予、旧約を修るにより、前太閤殿下(豊臣秀吉)に聞かしめ、これに因り全くその難を遁《のが》る、今に国家安全たりと雖《いへど》も、その恩を亡失す、然《しか》のみならず朝鮮追罰の刻、琉球国の役当国に寄せ副《そ》うべき旨、殿下の尊名に付き、一年の少納を備う、これより以降怠る、あわせて先年琉球国飄蕩《ひょうとう》(=流浪の)船衆、左相府(徳川家康)哀隣の厚意有るを以て、恙《つつが》なく本国に到《いた》り送らしむと雖も、其の報礼を欠く、酷《はなはだ》しく本意に背かるるもの也、別して大明と日本商売往来の儀、其の国より媒介を致すべきの由、左相府（徳川家康）の鈞旨《きんし》を請い、一使をして告がしむ、貴国は堅く領掌《りょうしょう》（＝心得ること）を為すと雖も、今更違変重畳の疎略、沙汰の限りにあらず、この故は琉球国惣《いそ》ぎ誅罰《ちゅうばつ》（＝罪あるものを攻めて罰すること）すべきの段、御朱印を成し下され、急々に兵船渡海の儕装《せいそう》有り、嗚呼《ああ》其の国の自滅、あに誰人を恨むべけんや、然りと雖《いえど》も頓《とみ》に先非を改め、大明・日本通融の儀調達を致さるるに於いては、この国の才覚、愚老随分に入魂《じっこん》を遂ぐべし』（慶長十四年（１６１１）二月二十一日付、島津義久書状案「旧記」後４―５３８）

（以前から再三伝達しているように、亀井慈矩《これのり》が琉球へ侵攻する計画があったが、昔から琉球と親交のある私からその計画を中止するよう尽力して欲しいと秀吉様に上言したからこそ、琉球はその難を遁れることができた。今国家安泰となっている所以である。しかし、琉球はその時の我々の恩をすっかり忘れてしまっている①。更には朝鮮出兵時に軍役を島津氏と分担する旨を秀吉様から尊命されたにも拘わらず僅か1年分を納めただけでその後は怠っている②。又、先年日本に漂着した琉球船の乗組員たちは家康様のご厚意により無事に琉球へ帰国できたにも拘わらず琉球はその返礼もしていない③。これらの出来事は琉球国と仲良くしたいという我々の本意に甚だしく相反する仕打ちである。とりわけ日明貿易の実現に向けた調整を家康様の命により琉球が担当（媒介）することを琉球は堅く了承していたにも係わらず、それを今も無視している④。ここに至って家康様から急ぎ琉球を征伐せよとの朱印状を拝受した。兵船の出航は間もないであろう。琉球国は自滅目前であるが、誰を恨めと言うのであろうか？もしここで、琉球はすぐに自らの過失を反省し、日明間の貿易仲介を成すならば、私も又、琉球の為に力を貸そう。）

＊（筆者補足⑥）

①と②について：亀井茲矩《これのり》はもともと羽柴軍に属し天正9年（1581）吉川経家が守る鳥取城攻略で戦功を挙げた為、秀吉から因幡国鹿野藩の初代藩主を賜っている。茲矩は特に東南アジア方面に興味があったようで、秀吉が中国大返しによって姫路城に戻った6月7日の翌日、毛利と講和した為、茲矩に約束していた出雲半国の代わりに恩賞となる別国の希望を聞いたところ「琉球国を賜りたい」と答えた為、秀吉は「亀井琉球守殿」と書

いた扇を慈矩に授けたという（寛永諸家系図伝）

このようにかねてから琉球守を自称していた亀井慈矩は1592年早々秀吉の許可を得て大型船で琉球へ侵攻する気配を見せていた。琉球貿易独占の権益を奪われそうになった島津氏はこれを何としても阻止したい。そこで薩摩と琉球とで朝鮮出兵軍役負担を分担する事を条件にして亀井氏の琉球侵攻中止の命を秀吉から引き出している。これを琉球にも通達、難航していた琉球使節派遣にこぎつけた。この時、この単なる使節派遣を琉球が従属して来たと勘違いした秀吉は琉球を薩摩の「与力」とする命を下している。天正20年正月に豊臣政権から島津氏に出された指示書には次のように記されている。

『琉球の事、これ又御朱印を成され候、先年亀井に対し仰せ付けられ候段、連綿に候と雖も、御断の儀上聞に達し、亀井に替地仰せ付けられ、前々のごとく御与力たるべきの由《よし》、仰せ出され候、此の如きの儀者、且うは御取り次の由、且うは琉球国御礼申し入れられ候筋目に候』（天正二十年正月二十一日付、石田三成、細川幽斎連著状案「島津」1118）

（琉球の件について、秀吉様は又御朱印を発給成された。先年、秀吉様が亀井に琉球入りを命じた指示が継続していたが、島津義久がこれを止めるように上聞して来たので亀井には替地を与え、以前のように琉球は島津の与力であることを秀吉様は命じた。これは島津が琉球の取次役となり、琉球が秀吉様への御礼を果たしたからである）と。

これ以降、琉球との書簡で島津氏は亀井氏琉球出兵阻止の一件を事あるごとに持ち出して交渉を優位に進めようと試みるようになっていたのである。

③について：③の漂着した琉球船とは慶長7年（1602）冬に陸奥国伊達政宗領に漂着した琉球船のことである。（実際の漂着は1601年の冬という説もある）

家康はこの琉球船の漂着民39名を家康に拝謁する為同年末に上洛して来た忠恒に非常に丁寧に薩摩を通じて送還するよう指示を出している。送還途中でもし（琉球人が一人死ねば、送還担当の島津家中から五人成敗する）と厳命している。「一人も相果候ハば、送之衆琉球人一人の分ニ五人可被成敗《せいばいせらるべし》」（慶長七年霜月十六日付、島津忠恒書状「島津1522）家康はこのような丁重な送還によって家康の「博愛の恩恵」を明示し、琉球から送還を謝する返礼を期待してのことで、その返礼の使者との交渉を通じて琉球を対明講和交渉の糸口としたい意図であった。ところが琉球は逆に警戒してついに返礼を送らなかった。それも当然で遡る事1589年秀吉の恫喝に屈して使節を送ったところ一方的に服属国とみなされて朝鮮出兵命令や軍役、兵糧の徴発を押し付けられた経験があった。今回も安易に使節を送ってしまうと天下人と琉球との関係は上下に固定化する事を恐れたのであろう。ところがこの返礼の先延ばし（無視）策は裏目となり出兵の口実に使われてしまったのである。

④について：島津氏側のひいては家康側の最大の要求課題が日明通交の回復であったことが明示されている。琉球が日明通交を仲介する約束をしながら履行しないと琉球を責め立てているが、今後しっかりと調整にあたるのであれば出兵を断念しても良いとしている。それほどまでに家康にとって日明通交の再開は悲願だったという事である。では琉球が日明通交の仲介を「堅く領掌」した時期はいつ頃だったのであろうかという疑問が残る。直接的な証拠を欠くが、慶長11年（1606）6月尚寧を冊封する明の使節が琉球に来航している。琉球にしてみれば前王尚永の死から約十八年秀吉の朝鮮出兵の余波で遅れに遅れ琉球にとっては待ちわびた冊封使だった。この時島津家久から冊封使に宛てた文書が作られており、以前に明へと送還した慶長の役時人質の消息を尋ねるとともに明の商船の薩摩来航を琉球を通じて依頼している。（『南浦《なんぽ》文集』）

従って家久が琉球に明との媒介を依頼した時期とは１６０６年の5月末頃であったものと推定される。この時家久は尚寧に対しては聘礼使節の来日を奄美大島への出兵を匂わせつつ恫喝的に求めるとともに琉球が日明貿易の中継地となる事を提案、明使者に対しては明商船の毎年の来日の要請という主旨で会談も設けられたが交渉は明の反対で不調に終わったという。

【慶長11年（１６０６）、明の冊封船が琉球へ来航する1年前の慶長10年１６０５年に琉球の進貢船が中国福州辺りへ寄港している。乗っていたのは「野国総官」である。総官はその時中国より甘藷を持ち帰り野国村にて試験栽培を始めたという。よって琉球での甘藷初収穫は１６０６年9月前後と推定されることにも留意しておきたい】

慶長14年（１６０９）2月1日、島津義弘から琉球尚寧王に宛てこの最後通牒の文書が送られている。内容的には半ば言いがかりとも言える問題を琉球の非として列挙しつつ、日明貿易の講和仲介をすぐに行うならば出兵を回避するという文書であったが、しかし、そう言われても明が小国琉球の意向に素直に従う訳がなく、琉球にとってはもはや打つ手が無かった。家久は改めて徳川家康から琉球出兵の許可を取り付けた上で、島津軍は出兵準備を整え、１６０９年３月２日総勢約３０００の島津軍が薩摩山川港から出港したのであった。

（琉球出兵終了後の状況については当論前段第二章＊筆者補足①にて既述の通りである）

九　１６１１年尚寧王送別の宴の中に利右衛門（右田秀長）は居たか？

さて、筆者は『大隅第60号』の中で①説、尚寧王主催の薩摩帰還兵送別宴の中に薩摩芋の栽培方法を知る儀間真常、或いは薩摩蕃諸将兵の中に右田（利右衛門尉）秀長が居たのではないかと大胆な仮説を述べた。この事を証明するには直接的な記載文書が発見できればそれが一番正しいことは言うまでもない。しかし、それが現在見つからない以上、状況証拠を一個づつ積み重ね推論するしか方法はあるまい。そこでまずはっきりと判明している部分から疑問点をまとめ要点を少し整理してみよう。

①１６１１年10月当時、薩摩藩内に「利右衛門」という官途俗名を称していた人物が存在

していたかどうか？

↓　答えはＹＥＳである。

右田家系図より右田「利右衛門尉」秀長が引き当てられる。右田秀長の当時（１６１１年）の推定年齢は34～35歳である。

②ではその人物は琉球と係わりのある仕事に携わっていたのかどうか？

↓　答えはＹＥＳである。

右田家系図◎Ａの記述により慶長７年（１６０２）９月に薩摩藩の役人として島津義久の命により琉球へ渡海した記録が残っている。

③ではどのような船（民間船か官船か）に乗って渡海したのか？　その時の船頭は誰か？

↓　六反帆の大型帆船「住吉丸」に乗船して琉球向かっている。その時の船頭は堀切彦兵衛である。「住吉丸」は民間船であったが、それ以降「官船」として徴用されたものである。（国分諸古記より）

④右田秀長が琉球へ渡海した記録が１６０２年の１回しか残っていないのに何故その後も琉球へ何度も渡航したと言えるのか？

↓　１６０２年から１６０９年琉球宛最後通牒まで約７年間の間に約数十通の薩摩・琉球政府間手紙のやり取りが記録されている。しかし、その間、新規15回目の朱印状が発給されたという記録は残っていない。当時琉球へ渡航するには朱印状を拝受しなければ渡航出来ない掟があった事を考えるとその間の殆んどの手紙のやり取りや伊達領琉球船漂着民39名の送還等は朱印船「住吉丸」（秀長と彦兵衛のコンビ）によって実施されていたと考えられるのが自然であり理にかなっている。

⑤では右田秀長が１６０９年琉球出兵に従軍していたとどうして言えるのか？

↓　琉球出兵について「国分諸古記」には「国府士、堀切彦兵衛事、義久公の尊名を蒙り、琉球御退治前御船船頭仰せ付けられ候」と記載されている。（拙論第五章にて既述済）「住吉丸」が秀長と彦兵衛のコンビによって１６０２年渡航していた実績を考慮すれば秀長も彦兵衛と共に琉球出兵に従軍していたとしても不思議ではない。

⑥では右田秀長（利右衛門）が２年後１６１１年の薩摩残留帰還兵送別の宴の中に居たどうして言えるのか？

↓　理由は前記⑤の理由と全く同じである。「住吉丸」が琉球出兵に関与していたのであれば、戦後残務整理のため秀長と彦兵衛のコンビによって再び琉球へ帰還兵を迎えに行ったと考えるのがむしろ自然でありこれも不思議ではない。

⑦堀切家系図によると彦兵衛は琉球出兵で船頭としての功績を認められ新たに知行を宛がわれたと記述されている。ならば同船に乗船し庭方役としてより重要な任務を担っていたのであれば、秀長（利右衛門）にも同等もしくはそれ以上の（恩賞）知行が宛がわれたと考えられるのが自然である。右田秀長にもそのような恩賞の形跡を認める事が出来るのか？

↓　答えはＹＥＳである。（この答えの詳細については次第十章に後述となる）

いずれにしても以上①〜⑦の状況証拠から右田秀長（利右衛門）が間違いなくその場に居たと証左できるのではないだろうか。勿論状況証拠からの筆者私見ではあるが尚寧王から送別の宴の中で生の甘藷をお土産として貰い太守島津家久に献上した薩摩藩諸将兵の代表者とは【後年「利右衛門」という謎の人物が琉球から琉球芋を持って帰ってきたという土人の伝え（噂）等が現実にあった事を鑑みると】文字通り（利右衛門）は右田秀長の事だった可能性は非常に高いと思われるのである。

十　霧島ヶ丘公園と右田利右衛門

筆者の実家は（大隅国）鹿屋市高須町の中心地本町に約５００坪の規模が残る。（余談となるが、約５００坪の内、ソテツの老大木の前約１００坪程は昔から家庭菜園場であった。右田秀長が琉球出兵の後高須に恩賞を得てこの地にソテツの赤い種実を植えたのであれば当然その時一緒に持ち帰ったであろう甘藷もこの家庭菜園場にて試験栽培された可能性が高いと筆者は感じているのであるが、果たして真実は如何に。尚、高須町内にはその他4軒の右田姓が認められるが墓の家紋等から何れも当家からの分家と推察される)。明治時代になって右田家戸籍謄本に最初に登記されている人物は右田謙介である。(右田系図が再作成された1687年から明治維新(1868年)まで約180年間の空白期間が存在しているということである)

●右田謙介《けんすけ》:弘化二年(1845)誕生　明治四十五年(1912)二月十一日死亡　享年68歳

謙介は明治維新(1868年)当時農業の傍ら高須波の上神社の神主を務めていたが当時地元では資産家として評判だったという。謙介は明治維新から5年後28歳の時に肝属郡(注10)横山村の士族「大山胤房《たねふさ》」の長女「大山ヨネ」と婚姻して一人娘「右田キワ」を設けている。「キワ」は筆者の祖母となる人物である。

●「右田キワ」:明治十六年(1883)誕生、昭和二十九年(1954)二月十七日死亡　享年七十二歳

一人娘だった「キワ」は明治33年(1900)曽於郡志布志松山町から婿養子「勝目清

蔵」を迎え婚姻し、一男一女を設けている。この時の一男（長男）が筆者の父「右田早苗」である。よって勝目清蔵は筆者の祖父である。清蔵は当時警察官を務めていたという。

●「右田早苗」：明治三十五年（１９０２）誕生　昭和五十七年（１９８２）死亡　享年七十九歳

筆者が5歳の時に死亡した祖母「キワ」は目が不自由であった事やその面影等は筆者の記憶に微かに残されているが祖父清蔵の記憶はまったくない。というのも父「早苗」が7歳の時にこの二人は協議離婚しているのである。母子家庭となった右田家は経済的に苦しかったのではないかと想像されるが借家・借地代等の不動産収入が多々あった為、実際はそうでもなかったという。「キワ」はその後も父「謙介」の残した大いなる遺産を売り払い息子「早苗」を鹿児島高等農林学校（現鹿児島大学農学部の前身）へ留学させている。父は卒業後教師畑に進み、その間太平洋戦争で昭和19年香港へ出征、昭和20年帰国後は吾平中学校、串良中学校等の教師を歴任している。子供の頃日曜日になると良く父母に連れられて霧島ヶ丘公園にピクニックに出かけたものである。霧島ヶ丘公園とは高須から東内陸に約2キロ鹿屋の市街地中心からは西南に約7キロ程に位置し、標高約170メートルのなだらかな山丘陵地帯である。2006年に鹿屋バラ園が開設されたが昔はその一帯は茶畑であった。当時の霧島ヶ丘公園は現在の鹿屋バラ園から北側に約200メートル程突き出た端に位置していたのである。公園から眺める眺望は北に高隅山と桜島、西に錦江湾と薩摩富士、北東には鹿屋市街地と遠く東に志布志湾が眺望できる絶好の戦略的景勝地であった。小学生の頃には良く航空自衛隊の飛行機が鹿屋基地の上空から滑走路地上に向けて落下傘部隊の降下訓練が頻繁に実施された記憶が残っている。霧島ヶ丘公園に登り着いた父がそれらの景色を眺めながらいつも自慢する話が一つあった。それは昔の国鉄野里駅手前から（注10）横山村及び旧霧島ヶ丘公園を含み高須川の河口へ繋がる広大な土地はかって右田家の所領地であったという事である。実際右田家の山や田畑は近年まで公園の高須側裾野にも広がり残っていた。右田利右衛門尉秀長が島津氏より琉球出兵等の功により恩賞を得ていたという事実を示す有力な逸話である。

十一　鹿屋郷高洲村甘藷の功

さてカライモおんじょ「利右衛門」の名を一躍有名にし、そのネタ本となった『三国名勝図会』であるが巻四七（春潮社版・第四巻）に高須村の特産品として「高洲甘藷」と「百合《ゆり》」を取り上げ興味深い記事を載せているのでご紹介したい。（旧漢字等修正して意訳した・○？は旧漢字の為不読。中之村＝浜田、高洲＝高須のこと）

『甘藷、當郷に甘藷を産す、甘美にして脆《もろ》（＝やわらかい）く、常種と異にして、良品なり、中之村、高洲村の両村より多く出づ、及び大姶良邑内《ゆうない》野里村・（注10）横山村よりも出づといへども、高洲村海口より、本府に売り出す故に是を高洲甘藷と呼べり、此の高洲甘藷は本藩の内にても、殊《こと》に早く熟し、且《かつ》その味は甘脆《かんぜい》（＝甘くやわらかい）にして、口に適す、故に其の価《か》（＝値段）も常種より貴《たか》く人皆是を賞玩《しょうがん》し本府に高洲甘藷の名甚《はなは》だ高し、さて此の甘藷の種子を他土に植うる、漸《ようや》く□じて常種となり、長く高洲産の如くならず、然れは高洲甘藷は、其の土地の性によるを見るべし。（中略）花菓類　百合、當邑（当村）の白合は其の花状薬白く紫□あり、香気甚《はなは》だ遠く、幹の高さ四尺許《ばかり》、世に是を高洲百合と称して、殊に賞愛せり、□獣歳菊、當邑の原野に産す、本邦に所謂《いわゆる》福寿草とも、元日草ともいへるものなり、原野に業生す、本府の人、是を致して珍玩とせり。』

（注10）横山村（現在の鹿屋市横山町）がかって右田家の所領地であった事を考えると上記高洲甘藷（1843年頃）の記述はその時代以前（1611年初代利右衛門秀長以降）より既に当地で甘藷栽培が静かに行われて（伝播して）いた事を裏付ける貴重な史料とも言えるであろう。

（おわりに）

今から約2年前の平成27年10月、筆者はまるで先祖「利右衛門」の「真相を晴らせという天からの声」に導かれるように薩摩半島の指宿市観光ホテル白水館を訪れていた。それは単に薩摩半島から逆に自分の故郷大隅半島高須港付近を眺めて見たいという子供の頃からの夢を叶えるという単純な発想からであった。しかし、前日夕食時に飲食を勧められた地元指宿酒造発売の芋焼酎「利右衛門」の銘柄説明文を見て強い違和感を受けた衝撃を筆者は今でも忘れられない。もしあの時芋焼酎の飲食を勧められなければ、そしてあの時銘柄説明文を見ていなければ当拙論は誕生していなかったかも知れない。右田家に伝わる「利右衛門」伝説は「利右衛門」が琉球から様々な宝物を持って帰って来たらしいという事は中学生の頃筆者は既に理解していた。しかし、その宝物とは金銀宝石類であろうという漠然とした固定観念が筆者に有り、それが「さつまいも」という発想は当時全くなかったのである。　その後、ネタ本となった『三国名勝図会』やその他の古文書を調べる内に次第に「利右衛門」の１７０５年漁師説は信憑性に乏しく様々な疑問点があることに気付いた筆者は『大隅第60号』第十一章で疑問点を６点ほどを提示して述べた。その中で『三国名勝図会』の編纂者が矛盾を覚悟のうえ非常に苦渋して書いたと思われる部分が疑問点⑤で指摘した所である。その文章とは以下の内容である。

『甘藷は土人の伝えにⒶ利右衛門より始めて本藩に伝わるというといへども、既に、慶長・元和の頃、呂宋等の諸藩より、吾蕃の坊津に、互市せし時、もたらし来し由いひ伝えぬ。〈（中略）このあと（１６９８年）種子島久基のことも記され〉

然れば甘藷は、Ⓐ利右衛門より始めて伝え得るに非ず。それより以前より、既に我が邦に渡れしこと歴然なれども、士人は云うに及ばず、吾薩人といへども、多くⒷ利右衛門を始めとす。是、Ⓒ利右衛門より始めて流行せし故なるべし』と。

この場合のⒶ利右衛門とは士人の伝えによる漁師利右衛門（実質は右田秀門）の事を指す。一方Ⓑ利右衛門とは既に大隅地方に伝わる（右田秀長もしくは右田秀純）のうわさの事を指していると思われる。その理由等は前第十一章で述べた高洲甘藷を特産品として記述していることからも推察できる。そして。Ⓒ利右衛門はⒶ又はⒷどちらの利右衛門とも解釈できるという矛盾さである。結論として言うと編纂者はこの時Ⓐの漁師利右衛門とⒷの利右衛門との年齢的整合性をうまく説明できなかったのである。その最大の理由は『利右衛門』という人物は一人しかいないという固定観念に縛られた「年齢的矛盾＝片方の利右衛門説を採用するともう片方の利右衛門説は年齢的に否定せざるを得ないという矛盾」に直面したからであろう。しかし、このことは後年拙論によって、「利右衛門」が世襲によって3人実在したことが明らかになったから理解できるのであって、当時の編纂者が親、子、孫の三代約100年の期間に渡って官途俗名「利右衛門」を世襲していることを知る由もなかったことを考えるとこの文章表現は編纂者にとっては無理らしからぬ苦渋の末に選択した正しい記述であったと言えるであろう。その後この1705年、漁師「利右衛門」説は佐々木廣謙、河野通直両氏によって堂の間にあった漁師の墓は墓誌湮滅したという理由から勝手に滅却され、又、死亡の時期も宝永4年（1707）年から享保4年（1719）に何の根拠もなく次第に改ざん変更されて行く。両氏によって新たに造立された墓や顕彰碑にはあたかもそれが真実であるかのように享保4年と記述されている。更に明治8年の平民苗字必称義務令の頃にはこの改ざんされた享保4年の墓を根拠に明治8年自分が「前田姓」を名乗るようになったので時代を遡り1705年の漁師「利右衛門」も「前田姓」だったと主張する突飛な人物が現れている。なんとも正当な歴史をないがしろにする的外れの論法には何をか言わんやである。上野益三著「薩摩博物学史」80頁に次のような記述がある。『明治十四年（1881）九月開催の第二回内国勧業博覧会で、岡児ヶ村の前田清左衛門なる者が、三等有効章を受けている。甘藷を出品し、先祖伝来の甘藷種苗を継続培養した功労に対してだという。『三国名勝図会』の「其の裔孫《えいそん》何《いずれ》の頃にか絶えてなし」ということはなかったのである』と。かの著名な上野益三氏さえも彼らの捏造された歴史に振り回されていたことが伺い知ることが出来る。

『大隅第60号』で筆者は「真の利右衛門が他人（漁師）に置き換わっている」との仮説を述べたがこの利右衛門「前田姓」説はその主張する人物の家譜を詳しく検証してみても昔からある系図や古文書から抽出された内容ではない。明治14年（１８８１）頃から逆に時代を享保4年（１７１９）に遡り「利右衛門」が前田姓であったという現在ではおよそ考えられない本末転倒した推論法を取っており、その根拠なき主張は間違っていると今後も厳しく指弾されなければならない。しかし、筆者が冒頭に述べたカライモの本邦（本土）への初伝播説3つの有力説の中で彼らが最有力と主張して来たこの１７０５年「前田利右衛門」の③前田姓説はもう有力ではなく、無力な説だったとして終わりにしなければならない。何故なら今回の拙論前段＊筆者補足②及び⑤の項で述べたように①説（１６１１年10月琉球出兵から帰還した兵士の持ち帰り説）が時期的にも3説の中で最も古く、そしてその信憑性ついても最も高い事が「通航一覧・貞享松平大隅守書上」の原文から筆者なりに読者に判読証明できたのではないかと思えるからである。今考えると、自称前田清左衛門なる人物がその時名乗り出た真の理由は恐らく三等有効章を得るのが目的だったのであろう。

江戸時代「カライモおんじょ」とも呼ばれ、琉球からさつまいもを持ち帰り大隅、薩摩地方に普及させ大飢饉の時に多くの民衆を飢餓から救い大功のあった謎の人物「利右衛門」とは親、子、孫の3代に渡ってこの官途俗名を世襲して来た右田利右衛門3人による合作だったという筆者の最終結論である。

(次の二枚の写真について)

高須町内各家の共同墓霊園は高須海水浴場沿いの線路内側にあった。しかし昭和53年2月高須中学校裏山手側に街の美観を損ねるという理由から鹿屋市の方針により、

右田秀門の墓

右田秀長の墓（左）、右田秀純の墓（右）

半強制的に集団移転させせられた。しかし、移転とは名ばかりで今となっては大変惜しまれる滅失される直前の利右衛門３人の墓写真である。

（正面に悔しそうに墓を見つめている女性は今は亡き筆者の母である）

写真撮影：長男右田和昭

【参考文献】

『日本大百科全書』小学館
『琉球王国と戦国大名』黒嶋敏著　吉川弘文館
『さつまいも・伝来と文化』山田尚二著　春苑堂出版
『薩摩博物学史』上野益三著　つかさ書房
『顧みて悔いなし私の履歴書』山中貞則著　日経事業出版
『流日戦争１６０９島津氏の琉球侵攻』上里隆史著　ボーダーインク社
『三国名勝図会（巻47）』春潮社版第４巻
『通航一覧』箭内健次著　精文堂
『鹿児島のさつまいもの変遷と活用』鹿児島純心女子短期大学研究記要

『酒呑童子《しゅてんどうじ》』と右田家蔵「絵巻物」の謎

（はじめに）

第2回目の東京オリンピックが7月に開催される予定であった今年（2020年）1月初めの頃は、私たち日本人にとって、開催国としての自信と誇りに輝くすばらしい1年になると誰もが予想し、期待していた時期であった。

ところが、今振り返ってみると、その頃から、しだいにその開催が危ぶまれ、延期される運命に陥り始めた新型コロナパンデミックのスタート時点でもあったとは、一部の国（台湾）を除き、世界中の人々も夢にも思わなかったのが正直なところであろう。中国武漢で発生した新型コロナウイルスの世界的大流行の脅威である。この原稿を書き始めた2020年10月末にはウイルスは世界中に蔓延し、感染者はとうとう累計五千万人を超えたという。人類にとってこの見えざる敵（古代日本人にとっては鬼の仕業？）伝染病の拡大恐るべしである。ここで感染症の歴史を紐解くと1348年欧州では黒死病と恐れられたペストが大流行し、瞬く間に数百万、数千万単位の命が襲われたという。

一方､日本では『酒呑童子』説話の初見史料である『大江山絵詞』に「正暦年中（990~995）に・・・都鄙《とひ》の貴賎《きせん》をうしなひ遠近の男女をほろぼすことあり・・・鬼王の所行なり」と鬼王の仕業であると示唆しているが、医学が進歩した現在では、それは感染病の流行ではないかと見るのが自然であろう。この説話の形成にあたり､正暦5年（994）の疫病（疱瘡＝天然痘）大流行の記憶が何らかの形で反映していると思われるのである。この年、前年以来の疫病が一段と激しくなり「死亡の者多く路頭に満ち、往還の過客は鼻をふさぎこれを過ぐ、鳥犬食に飽き、骸骨巷を塞ぐ」（『本朝世紀』四月二四日条）とある。

又、鎌倉前期成立の『続古事談』には「モガサ（疱瘡）ト伝病ハ　新羅国ヨリ、オコリタリ、筑紫ノ人　ウ（鵜）ヲ、カヒ（飼）ケル船、ハナレテ、彼国ニツキテ、ソノ人ウツリヤミテ、キタレリトゾ」（第五）とあるように疱瘡は古くから新羅（朝鮮半島）が発生源とみなされている。

酒呑童子説話に登場する主要人物は実在したとされる人物が多いが、話の内容はあくまでも単純なストーリーに基づくフィクションの世界である。しかし、それが後世の文化や芸能・芸術に与えた影響は誠に大きく「能」や「人形浄瑠璃」「歌舞伎」の創作素材として今でも広く利用されている。例えば、吾峠呼世晴《ごとうげこよはる》原作の漫画『鬼滅《きめつ》の刃《やいば》』はアニメーション映画化されると２０２０年の映画興行収入が空前の大ヒット作品となっている。

今回この論説の為、開示しようとしている右田家蔵「絵巻物」は、その描かれた絵の内容からこれが大江山の鬼退治いわゆる『酒呑童子絵物語』の伝本もしくは模本の類《たぐい》ではないかと判断したものである。しかし、絵の内容を具体的な文章に表現してその理由を伝える事は非常に難しい。そこで、「百聞は一見に如かず」のことわざに従い、第二章で絵をご覧頂くことにして、まずは右田家蔵『絵巻物』の詳細内容を知るに至った迄の経過を先に述べる事から話を進めて行こう。

一　右田家蔵『絵巻物』らしきもの

私の郷里の自宅（鹿児島県鹿屋市高須町）には先祖伝来の家系図と奇怪な『絵巻物らしきもの』が、父亡き後、遺品として残されていた。右田家『家系図』については当史論集（大隅第60号と第61号）に於いて『からいも翁《おんじょ》前田利右衛門説異論』と題してカライモ本土伝来の真実詳細を発表しているのであるが、今回の拙論ではもう一つの遺品である右田家蔵『絵巻物』に描かれている絵の謎について論説を進めようとするものである。

実は私が初めてこの『絵巻物らしきもの』に接したのは今から約57年程前の昭和37年（1962）高須中学1年生春の頃であった。今、私がここで『絵巻物らしきもの』と表現したのには理由がある。当時から保存状態が極めて悪く、絵の本体は（高さ26センチ、長さ70センチ前後の古紙片16枚）に分断した状態で、巻物状ではなく、折り重なった状態で、しかも古新聞に包まれて保存されていたのである。又、描かれた絵の内容も武士が鬼のような人物の首を刃《は》ねるとその首が宙を飛び、再び侍の頭上から襲い掛かるという残酷なシーンがあり、一般に開示するのもはばかれるような代物であった。その為、近年になって亡き父の遺品を整理し、処分する過程で、昔、中学生の頃見た印象が悪かった事を思い出し、「なんの文化的価値もなかろう」と、一時は廃棄処分を決断し、ゴミ庫まで持って行った次第であった。

しかし、絵の一面だけを捉え、全体像を見ないで廃棄処分にするのは、製作者の意図も不明のままであり、短略的すぎるのではないかと考え直し、平成30年1月から約6か月かけて巻物状態への修復に取り組んだのであった。修復の方法は細長い模造紙に、しわだらけの紙片をノリ付けするという単純な方法しか選択肢はなかった。その結果、貼り付けた絵紙片本体を含む模造紙は長さ約8メートル、高さ32センチの巻物状態に何とか復元できたのであった。しかし、復元とは名ばかりで、絵に別付随していたかも知れない絵詞《えことば》（＝絵の解説書）もない為、解読を試みるも暗中模索の状態が約1年ほど続いた。現在でもこの絵が、①いつの時代に　②誰が　③何の為に　④誰に対して、この絵を描いたのかは不明のままである。しかし、⑤何を訴えようとしているのか？　の謎については描かれた登場人物や行動から、筆者なりに洞察し、結論を得なければならなかった。その結論の核心だけを先に述べるとこの『絵巻物らしきもの』は『酒呑童子絵巻物』の伝本又は模本であると確信するに至ったのである。何故そのような結論に至ったかは後述するとして、まずは右田家蔵『絵巻物』を先にご覧頂き、共に謎を読み進めて頂ければ幸いである。尚、実絵は製本化する上でカラー出版できない無念さもあるが、残酷なシーンについてはあくまでもフィクションの世界を描いている点に鑑みてご容赦願いたい。

二　右田家蔵『絵巻物』の内容とは

右田絵図①
右端の武士とまな板に注目、右から２番目の武士の衣装は朱色

右田絵図②
なんとも恐ろしい形相の人間なのか、鬼なのか果たして

右田絵図③
鬼の体が全体的に朱色なのは何故？

右田絵図④

鬼の首はなぜ兜に噛みついているのだろう。この武士の衣装は朱色

右田絵図⑤

この武士は何者ぞ？

右田絵図⑥
金徳の文字に注目

右田絵図⑦
逃げ惑う鬼の家来たち

右田絵図⑧
救出された女性を慰める武士？　この武士の衣装は朱色

右田絵図⑨
討ち取られた鬼の首の色も朱色

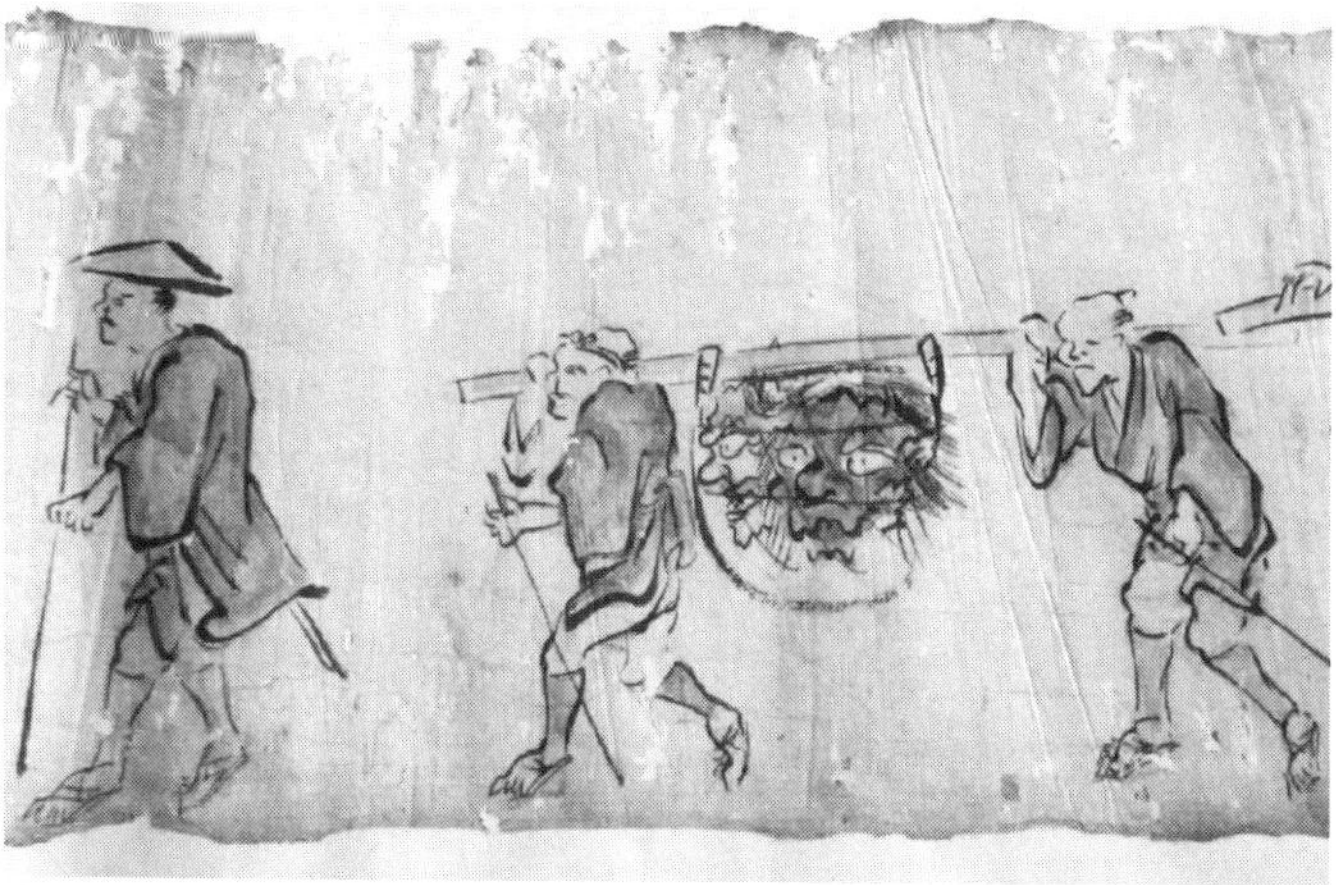

右田絵図⑩
討ち取られた鬼の家来の首

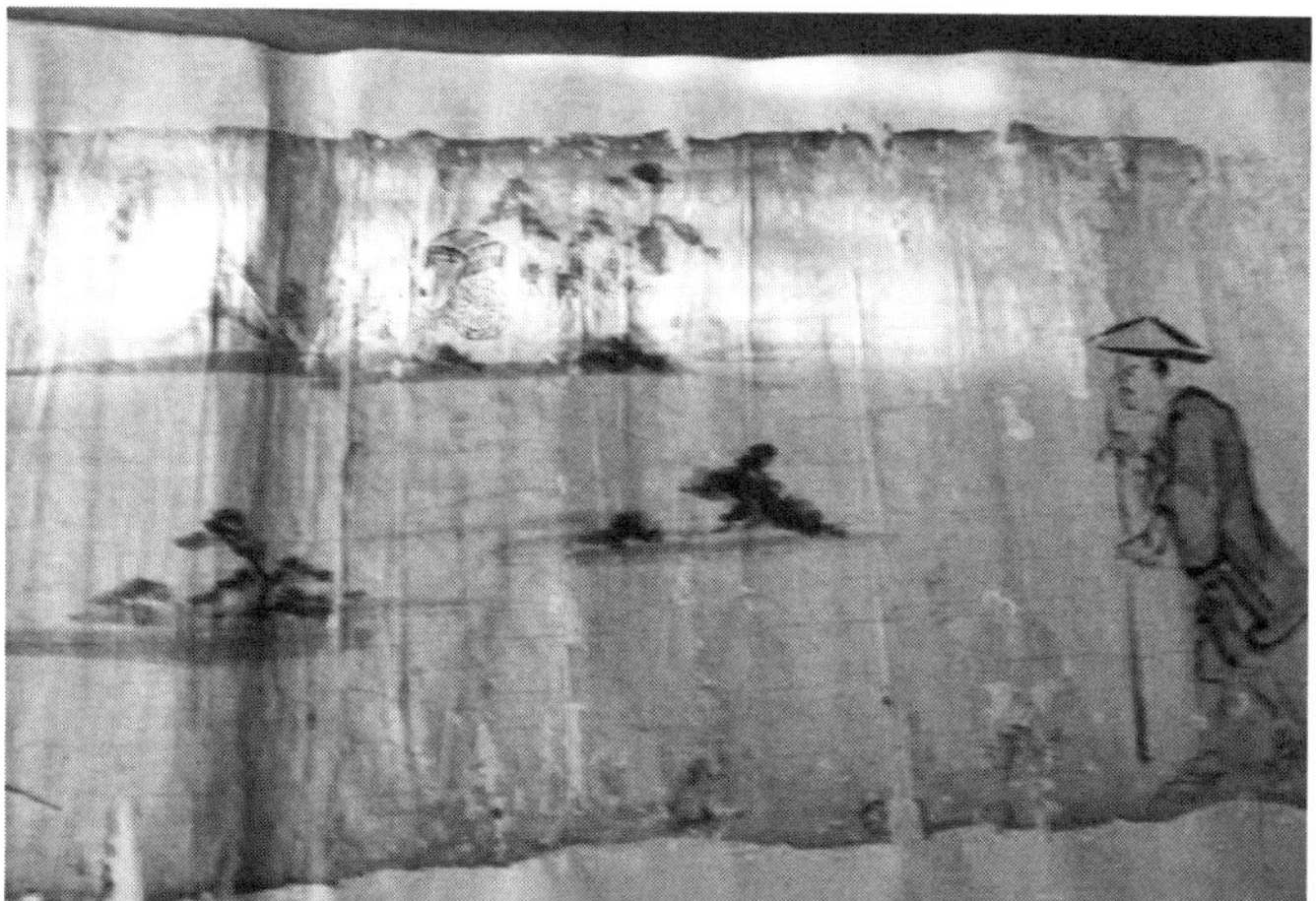

右田絵図⑪
遠くに見えるのは京の都？

右田絵図⑫
凱旋パレードを出迎える京の都？の人々、中央の人物は誰？

上頁に開示した右田家蔵『絵巻物』をご覧になり、大多数の読者はその残酷さに眉を顰《ひそめ》られた事であろう。しかし、その一方、一見してこれは確かに有名な『酒呑童子絵物語』の伝本であると感じ取られた方は、相当の歴史通と言えるかもしれない。歴史浅学の筆者はその謎の足元に達するのに約1年もの日数を要したのであった。酒呑童子物語とは、一般には大江山に潜む酒呑童子（＝人間に化身した鬼）たちが源頼光とその四天王らに退治されるという、きわめて単純なストーリー展開の話である。頼光は、正しくは「よりみつ」であるが妖怪退治譚《たん》では雷光をイメージさせる「らいこう」と読まれることが多いという。源頼光は清和源氏の源経基《つねもと》の孫、満仲《みつなか》の嫡男で実在した人物である。又、四天王の実在性と物語のストーリー（あらすじ）の詳細等は第十一章で後述とするが、坂田公時が足柄山の金太郎となることや渡辺綱が独自の鬼退治の別説話（謡曲羅生門）に関わっていることはよく知られていよう。

一説によると、酒呑童子たちが京の都に出没するようになったのは、永延《えいえん》（987〜988年）の頃からで、その討伐隊が京を発《た》って大江山に向かったのは正暦《しょうりゃく》3年（992）の9月16日であったという。また、ある説によると正暦（990〜994年）の頃に、都やその近辺の村々に鬼たちが出没して人々を苦しめ、その時の討伐隊の出発は長徳《ちょうとく》元年（995）の11月1日だったという。

これらの説に従えば正暦3年又は長徳元年が酒呑童子が退治された記念すべき年となるだろう。しかし、一条天皇の時代の史料を探ってみても鬼を退治したという記録はもちろんのこと、酒呑童子という名さえも見出す事は出来ない。すなわち、酒呑童子退治は史実ではなく、フィクション（虚構）の中での出来事なのである。酒呑童子の物語は南北朝（1336〜1392年）の末頃までには一つのパターン化された物語として定着していたらしく、それをふまえて派生した物語がさらに創作されながら、絵巻に描かれたり、「能」の素材にされたり、「歌舞伎」や「人形浄瑠璃」になったり、また、「浮世絵」の素材にもなって後世の人々に広く語り伝えられることになったのである。今日でもなお、映画や小説、コミック誌などの中に、そのストーリーやキャラクター等が大いに利用されている。例えば栗本薫《かおる》の伝記SF小説『魔界水滸伝《まかいすいこでん》』や、吾峠呼世晴《ごとうげこよはる》の漫画『鬼滅《きめつ》の刃《やいば》』等もその一つであろう。とりわけ『鬼滅の刃』はテレビアニメから火がつき、漫画の単行本の発行部数は累計1億部を超えたという。

さらに今年（２０２０年）になって『鬼滅の刃』（劇場版、無限列車編）がアニメーション映画化されるとその興行収入が公開から僅か最初の10日間で１００億円を超えたと10月末に配給元の東宝などが発表している。このように酒呑童子はフィクションのなかの妖怪であり鬼神なのである。けれども、それが日本の歴史、芸術芸能、文化史に果たした役割はまことに大きいと言わざるを得ない。なにしろ酒呑童子説話を描いた日本最古の『大江山絵詞とその絵巻物二巻』（逸翁《いつおう》美術館蔵）は国の重要文化財として、国宝に指定されている程の高い文化的価値があると評価されているのである。

しかしである。私たちは小説や漫画などにその名が登場する酒呑童子という鬼が実際はどのような素性を持った鬼なのかを良く知らないのではないだろうか。古代の人々は、何を見て恐れ慄《おのの》き、そして恐怖の念に取りつかれていたのであろうか？

そこで今回右田家蔵「絵巻物」をご覧になった読者の方々にもその謎を一緒に考察して欲しく、クイズ形式にした筆者からの質問にまずは解答して頂ければ幸いである。

質問①

右田絵図⑥に「金徳」の文字が読める。この「金徳」の文字の意味は何か？　又、何故その場面にその文字が書かれているのか？

質問②

右田家蔵『絵巻物』から鬼の正体が何であったのか嗅ぎ取ることができる絵図がある。その絵図番号は何番か。そして鬼の実際の正体は何か？

質問③

退治された鬼の首がどこかに運ばれようとしている。その行き先は何処か？

このクイズに対する答のヒントは当拙論の第十四章までの文中にも散在しているので、第十四章での筆者の解答を待たなくても答えはある程度得られると思う。

しかし、では何故、第十四章での解答になるのかと問われると鬼の正体については絵巻物鑑定専門家でも諸説があり、必ずしも筆者の解答が唯一正しいと言えない面もあるからである。そこで今度は酒呑童子絵巻の話題から一旦離れ、別の側面からも鬼の正体の謎に近づいてみよう。

三　百鬼夜行と節分の行事について

毎年、節分の季節（立春の前日＝2月3日又は4日）になると日本の各地では今でも家の窓を開け「鬼は外、福は内」と大きな声で豆をまき、鬼を追い払う習慣が残されている。いつの時代よりこのような不思議な習慣が日本で始まったのだろう。

一説によると、平安時代、京の都では夜になるとたくさんの妖怪たちが獲物を探し町中を闊歩していると信じられていたという。しかし、このことは昔の人々にとって、自然災害や病気、飢餓などの人知を超えた現象はすべて「鬼」が起こしていると考えられていた確かな証《あかし》でもあるのだ。しかしながら、現代の日本人の殆んどは何故このような邪気の象徴とも言える「鬼」を追い払う為に大豆を外に投げるのか？　或いは、その際、年齢の数より一つ多い数の豆を食べるという節分の行事は知っていてもその本当の意味や由来等は意外と知られていない。これも一説によると「豆」は「魔滅《まめ》」とも書き、煎《い》った豆は「魔の目を射る」の意味を持つため、鬼には煎った大豆を投げるようになったとも言われている。そして年齢よりも一つ多い数の豆を食べる理由は翌年の一年間を無病息災で過ごせるようにという願いが込められているのであろう。

一方、日本には古来より様々な鬼退治の伝説も残されている。例えば桃太郎による鬼ケ島の鬼退治や、鬼に飲み込まれた一寸法師、或いは源頼光《みなもとのよりみつ》らによる大江山の鬼退治等が有名である。ではこれらの退治される側の「鬼の具体的な正体とは何か？」と問われると個々に表現するのは容易なことではない。そこで「鬼」という概念を語源的に考慮すると（恐らく「穏《おん》」つまり隠れて見えない神霊と死霊を意味する中国の漢字「鬼」が結び付けられた概念なのであろう。

もともと人間とは恐怖する動物である。見知らぬ者、異国人や、おのれの権力に逆らう者等に恐怖し、その結果、葬り去った怨念に恐怖するものなのだ。一方、原因不明の伝染病や地震、津波、落雷等の自然現象もまた神霊の仕業《しわざ》として恐怖の対象に含まれたのであろう。こうして恐怖の対象になったものがすべて「鬼」として名づけられたのではあるまいか。そこでそれらの説を裏付ける為、まずは有名な桃太郎や一寸法師の鬼退治伝説の内容から詳しく検証してみよう。

四　昔話「桃太郎」の鬼退治とは

日本に伝わる桃太郎の話はいくつもあるが、現在一般に広く知られた話としての『あらすじ』とは以下のような内容である。（青森県に伝わっている民話を基に、わかりやすい絵本会話調の文章表現をそのまま踏襲した。）

『昔々、あるところに子供のいないお爺さんとお婆さんが住んでいました。ある時お爺さんは山に柴刈りに、お婆さんは川に洗濯に行きました。お婆さんが洗濯をしていると、川上からたくさんの桃がどんぶらこ、どんぶらこと流れて来ました。一つ拾って食べてみると大変うまかったのでお爺さんにも持って帰ろうと考えました。ところがたくさんあってどれにしていいか迷ってしまったので「うまい桃はこっちへ、来い。苦い桃はあっちへ　行け。」と声をかけたところ大きくてうまそうな桃が自然に流れ寄って来ました。お婆さんはその桃を拾ってお爺さんへのお土産として持ち帰りました。夕暮れ時となってお爺さんが薪を背負って帰って来たので、早速食べる為に桃をまな板に乗せて切ろうとしました。すると桃が自ら二つに割れて中から可愛い男の子が生まれて来たので驚いてしまいました。二人はこれは大変と、お湯を沸かして産湯で体を洗い、着物を着せました。二人は桃から生まれた子なので「桃太郎」と名付けました。その後、桃太郎は二人の深い愛情に包まれて育てられ、一つ教えたら十を覚えるほど賢く成長し、また大変な力持ちにもなりました。

ある時、山奥に鬼が住んでいて、時々村に出没して来ては悪事を働き、村人たちを困らせている事を聞いた桃太郎はお爺さんとお婆さんの前で両手をつき、鬼ヶ島へ鬼退治に行きたいと申し出ました。

二人はまだ若いから鬼を退治することは無理だとして引き止めましたが、桃太郎は「必ず勝てる」と言って全く聞く耳を持ちませんでした。彼の決意が固いと知った二人は仕方なくそれを許すことにしました。

鬼退治に出かける日、お婆さんは桃太郎に新しい着物を着せ、袴をはかせて、頭にはハチマキを巻かせ、「日本一」と書かれた旗を持たせました。そして、吉備団子をたくさん作って腰にぶら下げて送り出してやりました。

その旅の途中、村のはずれで犬と出会いました。犬が桃太郎に何処に行くのかと尋ねるので、鬼を退治しに行くと答えると犬は、腰に付けている吉備団子を一つくれたら家来となってついて行くと言いました。そこで一つ与えて家来にしました。

山の方に行くと今度はキジがやって来たので、又、吉備団子を一つやって家来にしました。二人の家来を伴って、更に山の奥に進んでゆくと今度は猿がキャーキャーと叫びながらやって来たので又、吉備団子を一つやって家来にしました。そして、犬に「日本一」の旗を持たせて鬼ヶ島へ向かいました。

鬼ヶ島に着くと猿が率先して大きな門の扉をたたきました。すると中から鬼が出てきて何の用かと聞くので、桃太郎は「俺は日本一の桃太郎だ。鬼退治に来たから覚悟しろ」と言って、刀を抜き城の中に入っていきました。猿は長い槍、犬とキジは刀を持って桃太郎に続いて入って行きました。奥では酒宴会の最中で、桃太郎が来ても相手にもならないと馬鹿にしていました。しかし、日本一の吉備団子を食べた桃太郎と家来達だった為、力は何十人力にもなっていました。瞬く間に鬼たちをやっつけてしまいました。大きな鬼は目から涙を流しながら「命ばかりは助けて欲しい、もう悪い事はしません」と言うので命は助けてやりました。そして盗み集めた宝物はみんなに返すと言うので牛車に乗せて持ち帰ることにしました。村に帰るとお爺さんとお婆さんがそして村中の人々が大喜びで出迎えました。そして、その後みんなが幸せに暮らしたという。』

このように桃太郎の昔話は勧善懲悪の典型例として日本の各地に残っているが、それぞれの物語の設定は微妙に異なり必ずしも桃から生まれるという筋書きだけではなく、面白いことに桃を食べて若返った夫婦が子供を授かるという設定もあるのだ。例えば、岡山県立美術館に所蔵されている「桃太郎絵巻」は江戸中期の狩野派の作とされているが、その筆致から数人の合作と思われる。2巻からなり、合わせて約20メートルの大作である。

この絵巻では桃太郎は桃から生まれるのではなく、拾った桃をお爺さんとお婆さんが食べて若返り、桃太郎を授かるという筋書きになっている。一説によると標準的な物語の原話が形成されたのは室町時代とされ、鬼ヶ島に渡る源為朝《みなもとのためとも》の武勇を描いた『保元物語』（鎌倉時代初期）がその雛形《ひながた》ではないかとも考えられているが、定かではない。昔話の多くの原形は『御伽草子』（室町時代から江戸時代初期）にあるというのが今では通説である。

江戸時代になると桃太郎話はより標準化され、元禄（1688～1703年）の頃には庶民の間に広く普及する。この頃には数多くの桃太郎の関連本が出版され、とりわけ人気があったのは絵入りの庶民本として親しまれた「赤本」や「黄本」だ。滝沢馬琴《たきざわばきん》の『燕石《えんせき》雑誌《ざっし》』や、京都上賀茂神社の神官が著した『雛廼宇計木《ひなのうけぎ》』の筋書きは出生の部分がいささか異なるものの筋書きは今日の桃太郎話に近い。明治時代になると巌谷小波《いわやさざなみ》が『日本昔噺』を刊行している。シリーズ第一巻に取り上げられた桃太郎は全国で読まれるようになったのである。その後小学校の教科書にも掲載され、「勇」「智」「儀」など道徳教育の教材として使われた。

ここで特筆されるのは明治44年（1911）5月に発表された『尋常小学唱歌（一）童謡『桃太郎』である。

作詞者は不明であるが作曲者は岡野貞一《おかのていいち》である。歌詞は以下の内容である。

①桃太郎さん、桃太郎さん　お腰につけた黍《きび》団子　ひとつ　私に下さいな
②やりましょう、やりましょう　これから鬼の征伐に　ついて行くなら　やりましょう
③行きましょう、行きましょう　あなたについて　何処までも　家来になって　行きましょう
④そりゃ進め　そりゃ進め　一度に攻めて　攻め破り　つぶしてしまえ　鬼が島
⑤おもしろい　おもしろい　のこらず鬼を　攻め伏せて　分捕りものを　えんやらや
⑥ばんばんざい　ばんばんざい　お供の犬や　猿　キジは　勇んで車を　えんやらや。

この唱歌によっておとぎ話『桃太郎の鬼退治』は一躍有名になったのである。しかし、

その功労者『岡野貞一《おかのていいち》』について知っている人は意外に少ないのではないか？　今年度（２０２０年）ＮＨＫ朝の連続テレビ小説『エール』は戦時歌謡曲、或いは戦後の数多くの歌謡曲や行進曲（東京オリンピック）を手掛けた「古関裕而《こせきゆうじ》」が主人公である。実は「岡野貞一」はこの著名な「古関裕而」に勝るとも劣らない明治・大正時代を代表する国民的歌謡作曲者だったのである。

そこで、岡野貞一の経歴を調べてみると以下の通りである。

『１８７８年２月鳥取県邑美郡古市村（現在の鳥取市）に士族　岡野平也の子として、生まれ、幼少期に実父を亡くし、貧困の中で育つ。鳥取高等小学校（現在の鳥取市立久松小学校）へ進学。

同校には日本の著名な作曲家『田村虎蔵《たむらとらぞう》』も学年違いで在校していたという。

１８９２年、キリスト教徒として鳥取教会（現在：日本基督教団）で洗礼を受け、翌年岡山の教会でオルガンの演奏法を習ったという。

１９００年東京音楽学校（現在の東京芸術大学）を卒業。その後、１９０６年に東京音楽学校助教授、１９２３年に教授（声楽）となり、１９３２年に退官するまで音楽教育の指導者の育成に尽力した。
１９１８年より文部省編纂の尋常小学校唱歌の作曲委員であった。約40年に亘《わた》り東京の本郷中央教会の教会オルガニスト（聖歌隊も指導）であった。１９４１年12月死亡、享年63歳』

岡野は日本の本土はもとより樺太、台湾、朝鮮、満州まで約１６０校の校歌を作曲したばかりでなく、当時国文学者で作詞家でもある高野達之《たかのたつゆき》とのコンビによって文部省唱歌を多数創作し、日本の歌謡史に大きな功績を残している。

二人の代表的な作品は以下の通りである。（歌詞は途中迄の略記とした）

①「故郷《ふるさと》」
兎《うさぎ》追いしかの山、小鮒《こぶな》釣りし　かの川、夢は今もめぐりて、忘れ難《がた》き　ふるさと・・・

②「春が来た」
春が来た　春が来た　何処に来た　山に来た　里に来た何処に来た・・・

③「春の小川」
春の小川はさらさら行くよ、岸のスミレやレンゲの花に・・・

④「朧月夜《おぼろづきよ》」
菜の花畑に入り日薄れ　見渡す山の端《は》はかすみ深し・・・

⑤「紅葉《もみじ》」
秋の夕日に　照る山もみじ　濃いも薄いも数ある中に・・・

⑥「日の丸の旗」
白地に赤く日の丸染めて　ああ美しや日本の旗は・・・

五　岡山県の桃太郎と「温羅《うら》伝説」

鬼退治で有名な桃太郎の標準的な話ができたのは前述したように室町時代とされるが、その原型になった話は、もっと古いと言われ、一説によると鎌倉時代以前まで遡ると言われている。主人公桃太郎のモデルとしてしては古事記にも登場する吉備津彦命《きびつひこのみこと》が有力であろう。伝説の舞台は黍《きび》団子の語源とも重なる岡山県吉備《きび》地方である。吉備国は奈良時代、律令制によって四か国（備前、備中、備後、美作）に分割されるまで現在の広島県東部から岡山県全域を含む広大な領土を有した大国であった。高梁川と足守川が形成する大穀倉地帯吉備平野と豊かな海産物と塩をもたらす瀬戸内海に恵まれ、国は大和政権と並び大いに栄えたという。又、中国山地を擁した吉備国は鉄の一大産出地でもあった。古今和歌集（巻20—1082）に次のような作者不詳の句が詠まれている。『まがねふく吉備の中山帯《おび》にせる細谷川、音のさやけさ』（訳）「吉備の中山が帯としている細谷川の音の澄んでいることよ」

吉備の枕詞《まがね》は（真金）すなわち鉄を意味しているのだ。

吉備国は大和朝廷を凌《しの》ぐ製鉄技術を駆使して農具を作り驚くばかりの農業生産量をあげていたがその高度の技術は、朝鮮半島から渡来して来た人々によってもたらされたものとされる。そしてその歌に詠まれた「吉備の中山」には、吉備津彦命《きびつひこのみこと》を祀《まつ》る吉備国の総鎮守、吉備津神社がある。吉備津彦命は「桃太郎」のモデルといわれ、吉備津神社に伝わる古文書「吉備津宮縁起」には「温羅《うら》退治伝説」が記されている。岡山県の郷土史家市川俊介氏はその古文書を読み解きその著『おかやまの桃太郎：岡山文庫』に吉備津彦命が桃太郎のモデルとなった根拠を示されているのでその著を参考に要約して紹介したい。

市川氏によると温羅とはもう一方の主役「鬼」の事であるという。温羅の姿は「人皇第十一代垂仁《すいにん》天皇又は第十代崇神《すじん》天皇の御代に、異国の鬼神が飛行して吉備国にやって来た。その名を温羅と呼んだ。鬼神温羅の両眼はらんらんと輝いて虎や狼のようでⒶその頬髭や髪は燃える火のように赤かった。身長は一丈四尺（約4・2メートル）もあり力は大変強く、性質は荒々しく狂暴であった温羅はやがて新山（現在の総社市黒尾）に居城を築き、そばの岩屋に楯（城）を構えた。と描かれている。温羅は大和朝廷への貢ぎ物や物資を載せて瀬戸内海を渡る船を襲い、婦女子をたびたび略奪した。人々は恐れおののき、温羅の棲む居城を（鬼ノ城）と呼び、温羅の悪行を朝廷に訴えた。それに応えた朝廷は武将を派遣するが、神出鬼没にして変幻自在の温羅に武将たちはことごとく追い返される。そこで朝廷は、孝霊天皇の皇子で武勇に優れた五十狭芹彦命《いせさりひこのみこと》（＝吉備津彦命）を温羅退治に遣わす。その際、温羅征伐の供をしたのが三随臣である。犬飼健命《いぬかいたけるのみこと》、留霊臣命《とめたまおみのみこと》（＝鳥飼部の家系）、そして道案内役を務めた吉備足守の豪族・楽々森彦命《ささもりひこのみこと》（＝猿田彦命）、これで犬、鳥（キジ）、猿の擬人化された顔ぶれがそろったと表現されている。

向かうは、いざ鬼ヶ島。吉備津彦命が陣を構えた吉備中山から北西を望むと、小高い山々が連なっている。遠目に山肌が露出しているように見えるその山頂が、温羅の棲み家・鬼ノ城だ。標高約４００メートル、急峻な斜面には花崗岩の巨石がいくつも転がっている。露出しているように見えた山肌は、実は土や岩石を積み上げて築かれた強固な城壁だった。市川氏によるとこの実在する山城は日本では数例しかない古代朝鮮式山城の典型で、古代にこれだけ頑丈で大規模な城を築いた吉備国のというよりも朝鮮伝来の技術に改めて驚かされるという。

吉備津彦命と温羅がいよいよ一戦を交える時が来た。「温羅退治伝説」はさらにこう続く。「温羅は戦うとⒷ雷のようにその勢いはすさまじく、豪勇の吉備津彦命もさすがに攻めあぐねた。命《みこと》の射る矢は不思議なことにいつも温羅の放つ矢と空中で絡み合い、海へ落下。そこで命は神力を現わし、強力な弓を持って一度に二本の矢を射た。一本は岩に当たり落下したが、一本は温羅の左目にみごとに命中し、血潮がこんこんと流水のようにほとばしった…」と。

矢が刺さった温羅の目から流れ出た血は瞬く間に川となる。鬼ノ城山の麓を流れ、足守川に合流するその川の名は「血吸川」。温羅はたまらず雉《キジ》と化し山中に隠れるが、吉備津彦命は鷹となり後を追う。すると温羅は鯉に姿を変え血吸川へ逃走、命は鶏に化身し温羅を捕らえる。そして、命はついに降参した温羅の首をはねる。

鬼を見事成敗し、めでたし、めでたしでおしまいになるはずの桃太郎話だが、「温羅退治伝説」にはまだ先があった。

刃《は》ねられた温羅の首は、その後何年も恐ろしい唸り声を発し、その声は辺りに大きくこだました。吉備津彦命はその首を犬に食わせるよう犬飼健命に命じ、首は髑髏《どくろ》となったが、それでも唸り声はとまらない。そこで吉備津彦命は吉備津神社御釜殿の床下に髑髏《どくろ》と化した首を埋める。しかし、その後も「十三年間唸り止まらず」と『吉備津宮縁起』には記されている。ところがある夜、夢枕に温羅の霊が現れ、吉備津彦命にこう告げた。「吾が妻、阿曾姫《あぞひめ》をして釜殿の釜を炊かしめよ。もし世の中に事あれば、釜の前に参り給え。幸いあれば裕《ゆた》かに鳴り、災いあれば荒らかに鳴ろう」。お告げ通りにすると、なんと唸り声は鎮まったという。

以降、吉備津神社では鳴釜神事《なるかましんじ》が行われるようになる。鳴釜神事は実に不思議な神事だという。厳かな空気が漂う御釜殿には大きな鉄釜が据えられた土の竈《かまど》があり、巫女が甑《こしき》に少量の玄米を入れ、片手で玄米を蒸すような仕草をする。そして神官が祝詞をあげるとやがて、目の前の鉄釜が唸り始め、御釜殿は大音響に包まれる。その音の響きで吉凶を占う。つい最近まで、この神事を司る巫女は阿曽姫《あぞひめ》の里、鬼ノ城山麓にある阿曽郷出身の女性に限られていた。かくして温羅を征伐した吉備津彦命は長きにわたり吉備国を統治した。この吉備津彦命と犬飼健命《いぬかいたけるのみこと》、留霊臣命《とめたまおみのみこと》（＝鳥飼部）、猿田彦命がその文字の通り桃太郎と従者のモデルというわけだ。桃太郎こと吉備津彦命は吉備中山の茶臼山御陵に今も眠っている。

吉備津彦命が桃太郎のモデルとすると敵対する鬼の正体とは人知の及び知れないもの、隠れたるもの、すなわち朝鮮半島からの外敵者という事に尽きるであろう。4世紀（369年）頃には倭国は百済《くだら》と結んで新羅《しらぎ》を破っている。いわゆる任那《みまな》日本府の成立である。しかし、6世紀（562年）になると勢力は逆転し、任那日本府は滅亡している。7世紀（663年）になると白村江《はくすきのえ》の戦いの敗北によって日本は完全に朝鮮半島からの脅威にさらされる状態になっていたのである。このように「温羅退治伝説」を当時の古代史と擦り合わせると、勢力拡大をもくろむ大和朝廷にとって、吉備国の大王は脅威なる「鬼」だったに違いない。そこで吉備津彦命が吉備国制圧に起ち吉備国を平定した。しかし、奇妙なことに吉備津彦命を祭神とする吉備津神社は、敵《かたき》であるはずの温羅も大切に祀《まつ》っている。温羅すなわち朝鮮半島からの渡来人たちは決して愚行、乱暴を極めた暴君ばかりでなく国に高度の技術を伝え導き、繁栄をもたらした大王として、吉備の民から広く敬われる存在でもあったのではなかろうか。」と市川氏は結論付けされている。(下線Ⓐ及びⒷの記載部分についてはその意味（理由）を後述する予定につきご記憶願いたい。)

六「一寸法師」の鬼退治とは

一寸法師はこれもまた日本のおとぎ話の一つである。現在伝わっている話がいつ頃成立したか不詳であるが、室町時代後期までには成立していたものとされる。その標準的な「あらすじ」とはおおよそ以下のようなものである。

『むかしむかし、あるところに子供のいない老夫婦が住んでいた。日頃から子供を恵んで下さるよう住吉神社の神に祈っていたが、念願叶って夫婦は子供を授かった。しかし、生まれた子供は身長が一寸（現在のメートル法で3センチ）しかなく、何年たっても大きくなることはなかった。子供は一寸法師と名づけられた。ある日一寸法師は武士になる為に京へ行きたいと言い、刀の代わりに針を持ち、お椀の船で旅に出た。箸の櫂《かい》（＝オール）で漕ぎ進み、なんとか京の都に辿りついた。京で大きな立派な家を見つけると、一寸法師は家の主に気に入られ、そこで働かせてもらうことになった。ある日、その家の娘と宮参りの旅をしていると、なんと大きな鬼が娘をさらいに襲い掛かって来た。娘を守ろうとした一寸法師だったが、指先程の小さな体では相手にならず、あっけなく捕まって鬼に一飲みにされてしまう。

ところが一寸法師はひるまなかった。鬼の腹の中で、針の刀で大暴れすると、鬼はたまらず降参し、一寸法師を吐き出すと、一目散に山に逃げてしまった。あわてて逃げた鬼は、小槌《こづち》を落として行った。

その小槌は、何でも願いが叶う打出の小槌だった。一寸法師はすぐに打出の小槌を振って自分の体を大きくすると、なんと身長六尺（182センチ）の立派な青年に早変わりした。その後、一寸法師は娘と結婚し、打出の小槌で金銀財宝も打ち出して、末の代まで栄えたという。』

しかし、江戸時代に掲載された御伽草子には、今のようなこととは少し話が異なっている。

『●老夫婦が、一寸法師が全く大きくならないので化け物ではないかと気味悪く思っていた。そこで、一寸法師は自分から家を出ることにした。

●京で一寸法師が住んだのは宰相殿の家であった。

●一寸法師は宰相殿の娘に一目惚れし、妻にしたいと思った。しかし、小さな体ではそれは叶わないという事で一計を案じた。神棚から供えてあった米粒を持ってきて、寝ている娘の口に付け、自分は空の茶袋を持って泣き真似をした。それを見た宰相殿に、自分が貯えていた米を娘が奪ったのだと嘘をつき、宰相殿はそれを信じて娘を殺そうとした。一寸法師はその場を取り成し、娘と共に家を出た。
●二人が乗った船は風に乗って薄気味悪い島に着いた。そこで鬼に出会い、鬼は一寸法師を飲み込んだ。しかし一寸法師は体の小ささを生かして、鬼の目から体の外に出てしまう。それを何度か繰り返しているうちに、鬼はすっかり一寸法師を恐れ、持っていた打出の小槌を置いて去ってしまった。
●一寸法師の噂は世間に広まり、宮中に呼ばれた。帝は一寸法師の両親である老夫婦が、両者ともに帝に所縁のあった無実の罪で琉罪となった貴族の遺児だと判明した事もあって、一寸法師を気に入り、中納言まで出世したという。』

このように「小さな子」のモチーフは、日本神話の「スクナヒコナ」がその源流と考えられる。そして、他の史料にも類話は残されており、長者の娘への策略は江戸時代に著された『神国愚童随筆』にも見え記録されている。江戸時代には「一寸法師」の名は背の低い人間に対する差別用語としても用いられ、妖怪をテーマとした『狂歌百鬼夜狂』や『狂歌百物語』等の狂歌本では、一寸法師が妖怪の一種として詠まれている。なお一寸法師が住んでいた津の国難波の里とは現在の三津寺《ミツテラ》から難波付近と言われている。又、お伽草子には『住み慣れし難波の浦を立ち出でて都へ急ぐわが心かな』とある為、お椀に乗って出発した難波の浦は、現在の道頓堀川だと言い伝えられている。

このように一寸法師の昔話は虚実が入り乱れ鬼の正体が一体何なのかさっぱり分らない。しかし、鬼の正体を考えるヒントとしては次の３つが手掛かりになるであろう。

①食物である米粒と一寸法師の行動には密着性があること。
②一寸法師がお椀の船に乗って（胃の中へ？）出発していること。
③鬼の腹の中で大暴れしていること。

これらのことから食中毒による腹痛等は妖怪や鬼の仕業だと信じられていた証《あかし》ではないだろうか。古代の人々は細菌汚染という疫学的知識がなかったのであるが、一寸法師と鬼を今風に例えると、一寸法師は、言わば善玉菌、鬼は悪玉菌と見立てることも出来るであろう。

一寸法師の鬼退治物語は明治38年（１９０５）に国定教科書共同販売所から出版され『尋常小学唱歌』として広く一般に知られるようになった。作詞者は前述した巖谷《いわや》小波《さざなみ》、作曲者は田村虎蔵《たむらとらぞう》である。詞の内容は以下の通りである。

『①指に足りない一寸法師　小さなからだに大きな望み、
お椀の船に箸のかい　京へ　はるばるのぼりゆく。
②京は三条の大臣どのに　抱えられたる一寸法師、
法師法師とお気に入り　姫のお供で清水へ
③さても帰りの清水寺に　鬼が一匹現れ出でて
食ってかかればその口へ　法師たちまち踊りこむ。
④針の刀を逆手に持って　チクリチクリと腹つけば
鬼は法師を吐き出して　一生懸命逃げてゆく。
⑤鬼が忘れた打ち出の小槌　打てばふしぎや一寸法師
ひと打ちごとに背が伸びて　今はりっぱな大男。』

作曲者田村虎蔵はこの他、作詞者石原和三郎《いしはらわさぶろう》とコンビを組み、『花咲爺』『金太郎』『大黒様』『おおさむこさむ』『浦島太郎』『大江山』等の名曲を発表している。

これら6作品の中でもとりわけ明治33年（1900）9月に『幼年唱歌　初編中巻』に発表された『浦島太郎』と『金太郎』は有名で物語の内容や歌詞を知らない人は少なくないであろう。

『浦島太郎』の歌詞は以下の通りである

①　むかしむかし　うらしまは、こどものなぶる、亀をみて、
あわれと思い、買い取りて、ふかきふちへぞ、はなちける。

②　ある日、大きな亀が出て、「もうしもうし、うらしまさん、竜宮という、良いところ、
そこへ　案内いたしましょう」

③　うらしまたろうは、亀にのり、波の上やら、海のそこ、たい、えび、ひらめ、かつ
お、さば、むらがる中を、分けてゆく。

④　見れば驚く、からもんや、サンゴのはしら、しゃこの屋根、
真珠やるりで飾り立て、夜の輝く、奥ごてん。

⑤　乙姫様に、従いて、うらしまたろうは、三年を、竜宮城で暮らすうち、我が家恋しく、なりにけり。

⑥　帰りてみれば、家もなし、これは不思議と玉手箱、開けば白き、けむがたち、しらがのじじいと、なりにけり。

一方、『金太郎』の歌詞は以下の通りである。

①　まさかりかついで　きんたろう、熊にまたがり　おうまのけいこ、ハイシドウドウハイドウドウ　ハイシドウドウ　ハイドウドウ。

②　足柄山のやまおくで、けだもの集めてすもうの稽古ハッケヨイヨイ、ノーコッタ、ハッケヨイヨイ、ノーコッタ。

以上のように浦島太郎と金太郎の歌詞に鬼の存在は表面的には確認できない。しかし、足柄山の『金太郎』は別名『坂田金時』とも呼ばれており、『大江山』物語には（坂田公時＝四天王の一人）として登場し、鬼退治の活躍をしている。実はこの『大江山』物語こそ別名『酒呑童子』物語とも呼ばれているものなのである。

七　典型的な「金太郎」伝説とは

『坂田金時』別名（金太郎）という人物にはいくつも伝説が存在している。幼児向けの絵本など一般的に流布しているものに近い静岡県駿東郡小山町の金時神社の伝説は以下の通りである。

『金太郎は天歴10年（956）五月に誕生した。彫物師《ほりものし》十兵衛の娘、八重桐《やえぎり》が京に上った時、宮中に仕えていた坂田蔵人《くらんど》と結ばれ、懐妊した子供であった。八重桐は故郷に帰り金太郎を産んだが、坂田が亡くなってしまった為、京へ帰らず故郷で育てることにした。成長した金太郎は足柄山で熊と相撲をとり、母に孝行する元気でやさしい子供に育ったという。天延4年3月21日（976年4月28日）、足柄峠にさしかかった源頼光と出会い、その力量を認められて家来となった。名前も坂田公時《きんとき》と改名し、京に上って頼光四天王の一

人となった。（四天王には他に渡辺綱《わたなべのつな》、卜部季武《うらべのすえたけ》、碓井貞光《うすいのさだみつ》がいる）

当時は丹波の国の大江山（現在も京都府福知山市）に住む酒呑童子が都に訪れては悪い事をしていた。永祚《えいそ》2年3月26日（990年4月28日）源頼光と四天王たちは山伏に姿を変えて大江山に行き、神変鬼毒酒《じんべんきどくしゅ》（＝眠り薬入り酒）を使って酒呑童子を退治した。

坂田金時は寛弘《かんこう》8年12月15日（1012年1月11日）、九州の賊を征伐するため筑紫《つくし》（＝現在の福岡県）へ向かう途中、作州路美作《みまさか》勝田壮（現在の岡山県勝央町）で重い熱病にかかり享年55歳で死去したと伝わっている。勝田の人々は金時を慕い、倶利加羅《くりがら》（＝剛勇の意味）神社を建てて葬った。その神社は現在、栗柄神社と称している。一方、小山町の隣にある神奈川県南足柄市にも金太郎の伝説は多く、その内容は小山町との相違点が多くみられる。他にも兵庫県川西市の満願寺の墓、滋賀県長浜市など、各地に伝説がある。一説によると金太郎（坂田金時）という人物の実在は疑わしいとされているが、藤原道長の『御堂関白記』や当時の『小山町史』の史料によると、『下毛野公時』という優秀な随身（近衛兵）が実際に道長に仕えていた。坂田金時はこの公時が脚色されて行ったものらしく頼光・道長の時代から100年程の後に成立した『今昔物語集』では公時という名の郎党が頼光の家来として登場している。その後、金太郎伝説は文芸、芸能の題材として、世に広まった。まず『古今著聞集』（1254年成立）などの説話や御伽草子、古浄瑠璃によって、頼光四天王の一人として坂田公時の名は知れ渡り、江戸時代初期にその幼少期が語られるようになった。特に元禄期に広く読まれた通俗史書『前太平記』で語られた金時の出生の非凡さと、山姥が金時を頼光に託す場面は名場面としてジャンルを超えて多くの文芸作品に影響を与えたという。

余談となるが幼少期の金太郎は五月人形のモデルとも言われ、その姿（まさかりを担いで熊の背に乗り菱形の腹掛けを着けた元気な少年像）から、かって日本各地で乳幼児に着用させた菱形の腹掛けもまた「金太郎」と呼ばれるようになった。又、金太郎飴、金時豆の名前の由来源でもあり、更に、息子の坂田金平は「きんぴらごぼう」の名の由来で知られている。

このように「浦島太郎」と「金太郎」についてはつとに有名で、歌詞を見ただけで自然にメロディーを歌唱できた方も多かったと思われる。しかし、「大江山」別名「酒呑童子」物語の内容や歌詞・メロディーについて知っている人は殆どいなかったのではなかろうか。物語の（あらすじ）をその歌詞からまず汲み取ってみよう。（⑤、⑥が右田絵図に相当する部分である。）

童謡『大江山』の歌詞は以下の通りである。

（作詞、石原和三郎、作曲、田村虎蔵）

① むかし丹波の、大江山、鬼ども多く、こもりいて、都に出ては、人を喰い、金や宝を、盗み行く。

② 源氏の大将、頼光《らいこう》は、ときのみかどの、みことのり、お受けして、鬼退治、勢いよくも、出かけたり。

③ 家来は名高き、四天王、山伏《やまぶし》姿に、身をやつし、険しき山や、深き谷、道なき道を、切り開き。

④ 大江の山に、来てみれば、酒呑童子が、頭《かしら》にて、青鬼赤鬼、集まって、舞えよ歌えよの、大騒ぎ。

⑤ かねて用意の、毒の酒、すすめて鬼を、酔いつぶし、笈《おい》の中より、取り出す、鎧《よろい》か

ぶとに、身をかため。

⑥　驚きまどう、鬼どもを、一人残さず、斬り殺し、酒呑童子の首を取り、めでたく都に帰りけり。

八　「大江山」鬼退治説話の原型について

源頼光とその四天王らによる鬼退治物語の最も古い原型の一つが南北町時代（1336～1392年）末頃に成立したとされる逸翁本『大江山絵詞とその絵巻物二巻』であることは第二章で既に述べたが、原型はもう一つあるとされ、その他の一つが戦国時代（＝応仁の乱1467年以後約1世紀の間を指す）に後北条氏の依頼で制作されたことが確実とされているサントリー美術館蔵の絵巻物『酒伝童子絵巻全三巻』（以下（サ本）などと略す）である。＊注（酒呑童子の呑の文字は出典原本によって種々あり、伝、天、顛、典、等の当て字が複数ある）

「サ本」は、もと因幡池田家に伝来したもので漢画風の手法に大和絵を加味している。榊原悟氏の綿密な考証によって、『後法成寺関白記』大永3年（1523）9月13日条、『実隆公記』享禄4年（1531）閏5月二十一条・二十八条に見える『酒天童子絵詞』『酒伝童子絵』の現物であること、また古法眼本の通称通り、古法眼（加納元信）の筆であることが明らかになっている。

他に古いものには『能』の謡曲「大江山」もある。又、江戸時代諸本ものとしては、複数の「酒天童子」物語が知られている。それらの多くは江戸時代中期の渋川版『お伽草子』の「酒呑童子」に直接依拠し、それを簡略化もしくは、模写しているのがほとんどではないかともいわれている。いずれにしても『大江山絵詞』が現存する酒呑童子物語のなかでは最古のものであることは間違いないであろう。

さて、大阪府池田市の「公益財団法人・阪急文化財団　逸翁美術館」が所蔵する国の重要文化財『大江山絵詞』は『絵巻物二巻』と『別巻絵書一巻』からなっている。絵巻物の上巻は、高さ（幅）が約35センチ、長さが約15メートル、下巻は高さ（幅）は上巻と同じ約35センチ、長さは約13メートル、であり『別巻詞書一巻』は高さ（幅）が約30センチ、長さが約4メートルほどのものである。すでにこの逸翁本については、『続日本絵巻大成

19』（編集小松茂美）や『続日本の絵巻26』（編集・解説小松茂美）或いは逸翁美術館編『絵巻、大江山酒呑童子・芦引絵の世界』に収録され、委細を尽くした解説がなされている。

又、「大江山絵詞」の名称については、逸翁本「大江山絵詞」には元から表題はなく、江戸時代末期の考証学者黒川春村が「標題は大江山絵詞といへり」としたことから始まったものらしく、物語は本来は「酒天童子物語」と呼ばれていた可能性が高いとされている。

（鈴木哲雄著『酒呑童子絵巻の謎』岩波書店）

これらのあらすじの詳細は第十一章に於いて後述とするが、鈴木哲雄氏によると、逸翁本『大江山絵詞』の、元は坂東武士の千葉氏一族である大須賀氏が所蔵していたもので、天正18年（１５９０年豊臣秀吉による小田原城攻め）に大須賀氏が本宗家の千葉氏とともに小田原北条氏に従ったことにより滅亡したのち、大須賀氏の娘に伝わった。その娘が江戸時代初めに下総国香取神宮の筆頭神主家の大宮司家に嫁入りしたことで、香取大宮司家の宝物となり、それが明治時代中期に香取の地から流出したのであった。それ故、『逸翁本』は別名『香取本』とも呼ばれている。又、千葉氏とは源頼朝の挙兵にいち早く参じて、他の坂東武士とともに、頼朝に鎌倉幕府を草創《そうそう》（＝創始）させた立役者である。千葉介常胤《ちばすけつねたね》に始まる千葉氏一族は中世を通じて代表的な坂東武士であった。大須賀氏は千葉氏常胤の子息胤信《たねのぶ》から始まる庶子（千葉六党の一つ）であり、千葉氏本宗家を補佐する有力な庶子家であった。

なお、藤原摂関家嫡流の近衛家が相伝した典籍・古文書などを納める陽明文庫（京都市右京区）には、『酒天童子物語絵詞』（一冊、和綴じが開かれて十二紙分）が所蔵されている。（以下陽明文庫本と略す）。これは一紙目の袖に「酒天童子物語　絵詞」と表題を書き、次の行から同筆で本文を記すものである。記載された内容は、逸翁本『大江山絵詞』の前欠部分を含む上巻の第一段から第二段にかけての詞書にほとんど対応（ほぼ同一文）するものであり、逸翁本の前欠部分の詞書を補うものとして貴重である。

又、江戸時代後期には常陸国土浦（現茨城県土浦市）の国学者「色川三中《いろかわみなか》」が香取文書調査の一環として、下総国香取神宮大宮司家などに伝来した『大江山絵詞』の詞書部分を書写しており、現在は静嘉堂文庫（東京都世田谷区）が所蔵している。（静嘉堂文庫所蔵『大江山酒顛童子絵詞』（以下「静嘉堂本」などと略す））　色川三中による写本には、現在の『逸翁本』に欠落している一紙分が書写されており、これもまた『逸翁本』の詞書を補うものである。

ちなみに静嘉堂文庫は、三菱財閥の2代目総師である岩崎弥之助（1851〜1908年、雅号「静嘉堂」創業者岩崎弥太郎の弟）と4代目小弥太、父子のコレクションにもとづく図書館・美術館で、「色川三中」旧蔵品の大半を購入・所蔵している。

九　数々の酒天童子物語について

酒天童子退治の物語は、最古の逸翁本「大江山絵詞」以降、御伽草子《おとぎぞうし》（＝室町から江戸時代にかけて作られた短編物語）として広く流布し、多くの絵巻物や奈良本《ならほん》（＝室町時代末期から江戸時代中期につくられた御伽草子を中心とする肉筆絵入り本）に仕立てられたことが知られている。それらの諸本は酒天童子の住居を丹波国の大江山（大枝山）或いは丹後国の大江山とする大江山系と近江国の伊吹山にする伊吹山系に分類されている。松本隆信氏の整理（松本隆信著「御伽草子、酒顚童子の諸本について」1984年）の説によれば大江山系の諸本は鶴舞西図書館本（奈良絵本3冊）系の諸本を除いて1本ごとに詞書の文章が異なっているのに対し、伊吹山系の方は同系の本文を有するものが多いという。逸翁本「大江山絵詞」以降の諸本のうちで、制作年代が戦国時代までに遡《さかのぼ》るのは、先にふれた、サントリー本「酒伝童子絵」（三巻）であり、伊吹山系の諸本は、いずれも詞書の細部に小異は多いが、このいわゆる「サ本」を粗本とするものである。そして重要なことは、「大江山系も伊吹山系も上記諸本を通観すると、物語の筋の運び方や叙述内容にはさしたる違いが無い」が、逸翁本『大江山絵詞』と御伽草子諸本との間では語り方が著しく異なっているとの松本氏の指摘がある。つまり逸翁本は大江山系・伊吹山系含めた御伽草子諸本と類を異にする訳で御伽草子諸本の原拠は逸翁本にあったとしても、ある時期に大きな改作が行われ、御伽草子諸本はそこから分岐（絵の描写等も微妙に変化）したと考えられるという。

ただし、詞書本文の内容からすると、御伽草子諸本の古態は、逸翁本いわゆる「大江山系＝大枝系」の諸本ではなく、伊吹山系「サ本系」の方にあるのではないか、というのが松本氏の考え方である。一方、高橋昌明氏は物語の展開を重視して逸翁本系とサ本系との二分類を提唱し、酒天童子物語の祖本からいち早く謡曲「大江山」や逸翁本が成立したという系譜を想定されている。（高橋昌明著「酒呑童子の誕生」中公新書）

以上二人の説を要約し、系統書きすると、以下の通りである。

逸翁本系は

●祖本→「大江山絵詞」→「陽明文庫本」→「静嘉堂本」（大江山＝大枝山系）

謡曲大江山系は

●祖本→謡曲「大江山」→（大江山系）→御伽草子諸本

⇔

サ本系は

●祖本→「サントリー本」→（伊吹山系）→御伽草子諸本

十　「サントリー本」について

そこでサントリー本についてもう一度確認しておきたい。何故かというと、第二章で開示した右田家蔵『絵巻物』の絵図は逸翁本系の絵図よりもサントリー本系の絵図に描写の内容等に共通性をより感じ取ることが出来るからである。サ本の成立や伝来については既に榊原悟氏によって解明されている。（榊原悟著『大江山絵詞』小解）前掲『続日本絵巻大成19』中央公論社、及び、サントリー美術館本『酒伝童子』をめぐって、上・下「国華」１９８４年）

榊原氏によるとサントリー本は戦国時代の関八州《かんはっしゅう》（＝関東の八ヶ国）の覇者、北条氏綱《ほうじょううじつな》が制作させたものであった。氏綱は永正15年（１５１８）伊勢宗瑞《いせそうずい》（＝北条早雲）が隠居したことで家督を継ぐと、大永年間（１５２１〜１５２７年）以後、相模国一宮の寒川神社宝殿や箱根三所大権現宝殿の再建、さらに相模六所宮や伊豆走湯山権現《いずそうとうざんごんげん》の再建といった相模国などの主要寺社の造営作業を盛んに行った。そして、「相州太守」を名乗る事で相模国の事実上の支配者である事を主張したのである。

氏綱が名字を伊勢氏から北条氏（鎌倉時代の北条氏と区別するため後世になって通常後北条氏と呼ばれるようになる）へと改めたのは、大永3年（１５２３）のことであったといわれている。

（注①）氏綱が千葉氏一族である大須賀氏が逸翁本「大江山絵詞」を所持していた事を

知っていたかどうかは不明であるが、氏綱はサ本を近世の狩野派の祖となる狩野元信などに描かせたのであった。氏綱が『酒伝童子絵』三巻をつくったのも「相州太守」を自認し、（氏綱が相模国守に任じられた事実はないというが）、相模国内の寺社の造営や興行を進めたことと密接に関わるものであるとされている。

天正18年（1590）いわゆる豊臣秀吉による小田原城攻めによって、ともに断絶した北条氏と千葉氏そして大須賀氏であったが、サントリー本『酒伝童子絵』は『後三年合戦絵巻』（現東京国立博物館所蔵）とともに氏綱の曽孫にあたる氏直《うじなお》が没落するに際して、氏直に離縁された徳川家康の娘、督姫《とくひめ》（=良正院）が携え帰り、後に彼女が池田輝政のもとへ再嫁する時に持参したことで、以後、因州池田家（鳥取藩）に伝来したのであった。それ以降、元禄14年（1714）には京都で修補されているが、いずれにしても大永3年（1523）に狩野元信によって描かれたサ本が近世の御伽草子の数ある諸本の源になったのである。サントリー本は明治37年（1904）3月から4月にかけて侯爵池田仲博家の所蔵品として「歴史風俗展覧会」に出陣されており、その後に、サントリー美術館の所蔵（国の重要文化財の指定にも）なったものと思われる。

十一　酒呑童子物語のあらすじについて

大江山の酒呑童子による鬼退治は数ある鬼退治譚の中でもとりわけ有名な話である。有名なだけにあって、この伝説についての研究もいろんな角度からなされているが、日本鬼研究の第一人者とも呼ばれる小松和彦氏によると歴史学者の高橋昌明氏の研究がもっともまとまった研究であると評価されている。そこで高橋昌明氏の作品を調べると、その著『酒呑童子の誕生』（中公新書）によって、逸翁本『大江山絵詞』と、陽明文庫本『酒天童子物語絵詞』や静嘉堂文庫本の『別巻詞書』の一紙分を含めた、２巻本としての『大江山絵詞』は精緻な復元がなされ、各段ごとのあらすじも明らかにされている。

そこで今回の「あらすじの紹介」では小松和彦氏が高橋昌明氏の作品を参考にしてその概要を『日本妖怪異聞録』（小学館）に発表されているので、その文章を通じ、一部私見も織り交ぜて、この伝説に迫ってみよう。

一方、逸翁本絵巻物の絵画（写真による紹介）については、逸翁美術館から写真の提供を受けてそのまま紹介できれば一番良いのであるが、著作権の問題もあり逸翁本絵巻絵図を写真によって簡単に紹介することができない。しかし、幸いなことに右田家蔵絵図は「逸翁本」よりも「サ本」系の方に絵図はより似ていることもあり、「サ本」系の写真入手に務めるべくネット検索したところ、国立国会図書館蔵『大江山酒天童子絵巻物』が著作権保護期間満了によってインターネット上で一般公開されていることが分ったのである。そこで「写真による紹介」についてはこれを次の第十二章で紹介する事とした。

尚、読者によるインターネット検索方法を参考までに紹介すると以下の通りである。

まずヤフー画面より、「大江山酒天童子絵巻物―国立国会図書館デジタルコレクション」と入力する。すると次の画面より絵巻物は⑬と⑭番の２巻に別れて作成されている事が表示される。⑬番が紹介したい写真（右田家蔵絵巻物に相当する部分）である（という事は右田家絵図も元々は２巻であったという事になるのであるが・・それはさておき）まずは順序良く１巻目である⑭番からクリックしてカラー絵巻図ご覧頂ければ幸いである。酒呑童子の「あらすじ」とは以下の通りである。

●物語①　プロローグ

一条天皇の時代（在位９８６～１０１１年）、正暦年中（９９０～９９５年）の頃、都の内外、近国遠国で、貴賤、男女を問わず、行方不明になったり殺されたりするという事件が次々に発生した。今風に表現すれば、無差別連続誘拐・殺人事件である。そんなおり、御堂入道（藤原道長）の子息が行方不明となり、そこで当代一の占い上手であった陰陽師《おんみょうじ》の安倍晴明《あべのせいめい》を招いて占わせたところ、都より西北に当たる方角に大江山という山があり、その山に潜む鬼の仕業であると占い判じた。

これを聞いた御堂入道は、その次第を内裏《だいり》（＝天皇の住居を中心とする御殿）に奏聞《そうもん》（＝天皇に申し上げる事）し、帝《みかど》が諸臣を参内《さんだい》（＝内裏に参上すること）させて朝議を開く事となった。早速、四人の武士を召し、討伐せよ、と命じるが、姿の見えない鬼神にはとても勝つ自信がないと辞退した。

そこで、改めて摂津守《せっつのかみ》源頼光と丹後守《たんごのかみ》藤原保昌《やすまさ》の両将に、鬼神討伐の勅命が下ったのであった。両将は、八幡、住吉、日吉《ひえ》、熊野、と言った４つの神社に参詣して、鬼神退治が首尾よく運ぶようにとの祈願をした上で、長徳元年（９９５）11月１日、配下の武士を従えて大江山に向けて出発した。

◎安倍晴明はゴーストバスターだった？

ところで、ここで見逃せないのは占いの為に藤原道長（９６６～１０２７年）に召された安倍晴明《あべのせいめい》である。小松和彦氏によると、つい数年までは、安倍晴明の名前も彼が職業としていた陰陽師といったことさえも、現代人の多くは知らなかったのであるが、荒俣宏《あらまたひろし》著『帝都物語』がベストセラーになったことが一大契機となったことで今や大変注目を集めている歴史上の人物なのである。幾多の伝説によると安倍晴明は陰陽道（陰陽五行説に基づいて、天文、暦数をつかさどり、吉凶を占う事を目的とした学問）の大家として存命中からその名を天下に知られ、藤原道長を呪術で妖怪変化の類《たぐい》を追い払う呪術師、つまりゴーストバスターだったのである。

この物語の中で、酒呑童子に使われている身分の卑しい女が頼光、保昌に酒呑童子の様子をこんな風に語る。「この頃、都では、晴明という者が、泰山府君《たいざんふくん》（＝本来は道教の神で、人の生命や禍福をつかさどる神、平安時代には、延命、除魔、栄達の神として崇拝された）という祭りを行っている為、式神《しきがみ》（＝陰陽師が使役するという鬼神。陰陽師の命令に従って変幻自在、不思議な術を使うという）、護法《ごほう》（＝仏の正法を守護する護法善神の使者、護法童子のこと）が国土を巡回して回っている為、入り込む隙がない。都から人を奪い取ることができないまま、虚しく山に戻って来る時は、酒呑童子は腹立し気に、胸を叩き、歯を食いしばり、眼を怒らしている」と。

つまり、晴明は陰陽道の悪霊祓いの儀礼、イコール泰山府君祭をすることで、鬼たちの都への侵入をそれなりに防いでいた祈禱師でもあったのだ。

●物語②　酒呑童子の年齢は？

さて、大江山へ向かう途中、一行は白髪の老人たちに出会って、「武士の姿では鬼退治はできない。山伏姿に身をやつし、笈《おい》の中に甲冑を忍ばせて、しかるべき時に甲冑を身につけよ」との助言を受ける。それに従って、山奥深く入っていくと、血の付いた衣服を洗っている老女に出会う。この女は、もとは生田《うだ》の里の女で、鬼王（酒呑童子）に誘拐されて食べられそうになったのであるが、骨が太く、筋も堅いようなので、洗濯女をさせられていたのだった。鬼も柔肌おいしそうな人間を選んで食べていたという訳である。

聞けば、すでにこの山に連れて来られてから、２００年以上もの歳月が経っていると語る。

頼光と保昌は、この老女にこの山の様子をいろいろ尋ねた。その答えを手短に述べると、頼光たちが通り抜けて来た洞窟のこちら側を「鬼隠しの里」と言い、洗濯場の川のすぐ上に「鬼王の城」があって、八足の門を構え、酒呑童子と書かれた額が掛けられている。その主人の姿は童子の姿で、ことのほか酒を愛し、京から誘拐した貴族の姫君たちや奥方たちをはべらせ、また、料理して食べているが、風流な心も持ち、時々笛を吹いて遊ぶこともあるという。

酒呑童子という名はここから来ているのである。また、天台座主《ざす》の慈覚大師の弟子御堂入道の子息である、まだ幼い稚児を誘拐して来たのだが、諸天、善神が集まり来たってこの稚児を守護するので、鬼王も扱いかねている、という話もする。

こうした老女からの予備知識を得た一行は老女の案内で鬼王の城に入り、廻国修行する山伏で、道に迷った者であると偽って、一夜の宿を乞うことに成功する。山伏姿に安心した鬼たちは酒宴を設けて頼光たちを歓迎する。やがて姿を現した酒呑童子は童子姿でまことに知恵深そうに見えたと語られている。酒呑童子は、天才的頭脳ゆえに、人間社会から排除されて鬼にされてしまったのかもしれない。

その酒宴の席で、童子は頼光たちに盃《さかずき》を傾けつつ、身の上話をする。酒をこよなく愛するがために家来たちから「酒呑童子」と呼ばれていること。、昔は平野山（比良山系）を先祖代々の所領としていたが、伝教大師（最澄のおくり名、天台宗の開祖）という悪僧がやって来て、根本中堂（延暦寺）という寺を建てたので、この私は身の置き場がなくなり、楠木《くすのき》に変化してさまざまに妨害をしたのであるが、大師はこれを見破って「楠木を切れ」と命じたので力及ばずと悟ってその場を逃げ出し、仁明《にんみょう》天皇の代、嘉祥《かしょう》2年（849）からこの山に住み着いて、王威も民力も神仏の加護も薄れる時代の来るのを待っていたと語る。とすると、酒呑童子が大江山に来たのは長徳元年（995）からおよそ150年前のことであり、洗濯女の老女はそれ以前に誘拐されたのか、それとも老女の記憶違いということになるのだが。

●物語③　酒呑童子の最後（注＊右田絵図とその内容が一致していると思われる部分である）

そうこうしている時に、善神が頼光たちに授けてくれた、鬼にとっては強力な毒となる神変鬼毒酒《じんぺんきどくしゅ》（＝眠薬入り酒）を、童子たちに勧めて飲ませることに成功する。やがて酔った童子は寝床に入る。そして、善神の案内で城を見て回ると、御堂入道の子息が善神たちに守られている光景や、人を鮨《すし》にして食している光景、古い死骸が苔むし、新しい死骸は血ついて塚をなしているという、目をそむけたくなる光景、唐人たちまでも捕らえられ閉じ込められている光景を目のあたりにする。

さて、日も傾きかけた頃に、特別サービスという事であろうか、童子の家来の鬼たちが美しい女に変化して、頼光のところにやって来た。頼光がしつこく居座る女（鬼）たちを身辺から追い払ってほどなくしてのこと、（注②）「黒雲にわかに立ち下り、四方は闇夜のごとく、強い風が吹きすさび、雷電振動する中で」鬼たちの田楽踊りが披露されることになる。簡単にいえば、酒の酔いが回って余興に入ったということであろう。しかし、この踊りをする鬼たちも、それを厳しい眼差しで見詰める頼光に怖れをなし、踊り途中で逃げ出してしまうのであった。

酔った酒呑童子は寝所に戻り美女たちをはべらせて寝ていたが、、昼間の童子の姿とはうってかわって、本体を現わし、巨大な鬼の姿になっていた。その姿というのが、頭と身は赤、左の足は黒、右の手は黄、右の足は白、左手は青と5色の色で、眼は15、角《つの》は5つというから、想像しただけでも恐ろしい。（鬼の体を5色に色分けしているのは、明らかに陰陽道（陰陽五行説）の影響であろう。）

寝入る酒呑童子を、甲冑に身を固めた頼光頼光、保昌たちが急襲する。さらに4人の武士がその足を押さえつけ、頼光が狙いをつけて、その首を切り落とそうとする。と、この時、酒呑童子は手足を押さえつけられているため、首だけを持ち上げ、「これらの者どもに、たばかられて、こんな様《ざま》になっている。者どもこの敵を討て」と叫んだ。だが、2人の将軍とそれに従う5人の武士が同時にこの鬼王の首を見事に切り落とした。ところが、さすが酒呑童子だ。その首が空に舞い上がり、叫び廻った末に、頼光の兜《かぶと》にガブリと噛みついたのだ。その左右の目をくりぬくことで、ようやくその首も兜から離れて落ちたのであった。こうして、酒呑童子を退治し、一行は酒呑童子の首を籠台の上に載せ、都に凱旋し、帝をはじめ、摂政、関白がその首を叡覧《えいらん》なされたのち、宇治の平等院の宝蔵に収められた。これによって、頼光は東夷大将軍、保昌は西夷大将軍に任ぜられたという。』

以上が最古の酒呑童子の物語《あらすじ》である。

十二　国立国会図書館デジタルコレクション絵図の内容（以下「図書館絵図」と略す）

出典：国立国会図書館「大江山酒天童子絵巻物二」

図書館絵図①
絵左上、左から２番目の武士とまな板に注目

図書館絵図②
美しい女性に変化してやってきた童子の家来の鬼２名

図書館絵図③
酒に酔いつぶれて正体を現した酒呑童子

図書館絵図④
左端の武士の兜に刃ねられた鬼（酒呑童子）の首が噛みついている

図書館絵図⑤
逃げ惑う家来の鬼たちも退治された

図書館絵図⑥
捕らわれていた女性たちの解放

図書館絵図⑦
戦に勝利して京の都へ外征する源頼光らの一向

図書館絵図⑧
退治された酒呑童子の首を籠台に乗せて運んでいる

図書館絵図⑨
酒呑童子の首は帝をはじめ、摂政、関白らが閲覧したのち宇治平等院の宝蔵に収められたという

十三　逸翁本系とサ本系「あらすじ」の相違点について

まず確認しておくべきことは第十一章に紹介した「あらすじ」は主として逸翁本系の大江山絵詞、陽明文庫本、静嘉堂本、等一連の内容を現代文に翻訳されたものである。一方写真で紹介した図書館絵図は、サントリー美術館に蔵置されている狩野元信の原作（1523年制作）そのものではなく、その後、彼の弟子等によって作成されたと思われる御伽草子諸本のなかの一つであるということである。逸翁本とサ本との成立時期については一世紀前後、どんなに短くみても半世紀以上の隔たりがある。よって、話の大まかな展開は大筋では、ほぼ一緒であるが、細かい箇所については絵と「あらすじ」間に相当の違いがあるのでギクシャク感は否めなかったもの思われる。そこで逸翁本とサ本系の主要な相違点をいくつか整理すると以下のようになる。サ本では↓

① 失踪するのが逸翁本では貴賤男女に対し、サ本では若い美女、特に池田中納言国方卿の娘の失踪が発端となって話が進行している。

② 鬼ヶ城が、大江山ではなく都の北の伊吹山（千丈ヶ獄）（滋賀県坂田郡伊吹町）にあ

ること。
③　加護を頼む仏神が四神ではなく三神で、日吉山王が欠けている。
④　初めから山伏姿で都を出立している。
⑤　逸翁本では鬼の頭に五本の角《つの》があるとされているがサ本にはない。
⑥　川辺で出会うのが老女ではなく、若い姫君である。
⑦　逸翁本では神々が一緒に行動するのにサ本では岩穴を受けた時点で姿を消し、童子退治の寸前に現れ、またすぐに消える。
⑧　童子が身の上を語ってから酒を飲むのではなく毒酒に酔ってから身の上を語る。酒呑童子の名前の由来の説明もない。
⑨　比叡山からすみかを変えたのではなく、元から千丈ヶ獄に住んでおり、一時的に追い出されただけ。追い立てたのも弘法大師一人で、伝教大師や桓武天皇は登場しない。
⑩　逸本では頼光らが蓑帽子で顔姿を隠し城内を偵察するのに、サ本では囚われの姫君の案内で童子の寝床へ向かう。
等である。（『酒呑童子の誕生』高橋昌明著　中公新書）

十四　「右田絵図」と「図書館絵図」の類似点について

ところで、右田絵図①から始まる右田家蔵絵巻の内容は逸翁本「あらすじ＝物語①②③」の中では、物語③（＝第2巻目）の内容に相当すると理解できるであろう。これを逆説的に述べると、物語①と②（＝合わせて第1巻目）部分が右田家蔵絵巻では欠損（つまり紛失）してしまっていると判断できる資料にもなったということである。

そこで、今度は物語③（あらすじ）の中にある右田絵図と図書館絵図の類似絵図番号を探し出し、それらを詳しく比較してみよう。

（A）右田絵図①と図書館絵図①の類似点を比較

右田絵図①では絵左上、左から2番目の武士側面「まな板部分」から右側以降の部分が分断欠損しているが、図書館絵図①のまな板右側には酒呑童子が頭部に左手をかざして右手側方面を伺っている様子が描かれている。従って、右田絵図①にも恐らく同位置に同様の絵が描かれていた事を推測することが出来る。

（B）右田絵図②と図書館絵図③の類似点を比較

酒をこよなく愛するという童子に、頼光はおみやげとして持参した神変鬼毒酒を飲ませた。すると寝床に入った童子は、酔いつぶれてついに恐ろしい鬼の正体を現して来たという場面が、両方の絵図に描かれている。（この画面をカラー写真でみると童子の体全体が赤面色に描かれている。古代日本では疱瘡（天然痘）に罹患すると発疹の為、患者の身体《からだ》全体が赤くなったと言われていることから、高橋昌明氏は酒呑童子が疱瘡を流行《はや》らせる疫病鬼神（いわゆる鬼の正体）であると主張されているのだが。）

（C）右田絵図③④と図書館図④の類似点を比較

酩酊状態になった酒呑童子をここぞとばかりに源頼光、坂田公時らの武士が強襲し、見事に鬼王の首を切り落としてしまう。

ところが、さすが酒呑童子、その首が宙に舞い上がり、叫び廻った末に頼光の兜《かぶと》の上からガブリと噛みついている場面である。絵の制作者はこの絵を通じて読者に何を訴えているのであろうか？

実はこの画面（右田絵図④）は数多くある酒呑童子絵巻物には必ずと言っていい程に登場する物語のクライマックスシーンの一つなのである。その答えのヒントは物語③（あらすじ）の文中にある。「あらすじ」注②下線部に次のようにある。『黒雲にわかに立ち下り、四方は闇夜の如く、強い風が吹きすさび、雷電振動する中で、鬼たちの田楽踊りが披露されることになる。』である。これらのことから落雷現象を絵の作者は雷神の仕業《しわざ》と断定し、頼光が雷鬼神を退治している様《さま》を絵に表現してその恐怖を読者に訴えているのである。現在では落雷現象とは、地上と、その上空で発生した雨雲が通過する際の摩擦によって生じる静電気が一気に大音響と光を伴って地上に向かって放電される際の自然現象の一つであると理解されている。【余談となるが、この事実を世界で初めて実証したのは米国の気象学者ベンジャミン・フランクリンである。彼は明治維新より116年も前の1752年に雷雨の中での凧揚げの糸に伝わる電気を感じ取って雷の正体を確かめてからだという】しかし、それより約1000年以上も前の古代日本では「かみなり」という言葉の語源は神が雷（太鼓）を打ち鳴らすもの、すなわち、「神鳴り」と呼ばれていた事に由来するという無知から生じる迷信に縛られた非科学的なものだったのである。雷神が荒ぶる怨霊鬼神になった決定的な契機は、延長8年（930）清涼殿への落雷と感電死者の発生が、菅原道真の怨霊の働きであると陰陽師らによって占われた結果からであるという。又、久安2年（1146）、病にふせっていた頼光4代の孫経光が、雷声に驚き長刀《なぎなた》を構えたところ、屋根を貫通した落雷に討たれ即死するという事件も実際に発生している。当時の人々にとって、突如として、ピカッと天空切り裂く閃光と、ゴロゴロドカーンと肝をつぶする雷鳴こそ怨霊の威力（＝鬼の仕業）間違いなしと絵に表現して余すところがなかったのであろう。（従って、筆者私見として右田絵図④から汲み取れる鬼の正体とは『落雷現象＝雷』となったのである。）

（D）右田絵図⑨⑩と図書館絵図⑧の類似点を比較

籠を担いで運んでいる人数に差があるものの、鬼の首を籠に載せて運んでいるという描写に類似性を認めることができる。

以上、4つの類似点から、筆者は右田家蔵『絵巻物らしきもの』は『酒呑童子絵巻物』の伝本、又は模本であると断定するに至ったのであった。勿論描かれた絵から汲み取る感受性については個人差があり、読者によって異論があると主張されるのは当然であるが、それらを十分承知した上で第二章で筆者から読者にお願いしたクイズ3問の解答（私見）は以下の通りとなる。

質問①の解答
「金徳」は「金時」の当て字であろう。坂田金時は後に坂田公時に変遷している通り一定ではないのである。右田絵図⑥に描かれている武士の名前は単に（坂田）金徳であると表記しているだけの話なのであろう。ちなみに酒呑の呑には天、伝、典、顛等の当て字がある。

質問②の解答
鬼の正体を一番嗅ぎ取ることが出来る右田絵図番号は④である。その理由等については類似点（C）で前述した通りである。

ここで物語の主人公が何故、源頼光と藤原保昌の2人でなければならなかったのかを自問自答してみたい。頼光は正式には「よりみつ」であるが、「らいこう＝雷光」とも読める。一方、保昌も正式には「やすまさ」であるが、「ほうしょう＝疱瘡《ほうそう》」とも読める。古代では鬼を退治する存在は鬼と同等もしくはそれ以上の連想を誘う武将である必要があったのであろう。類似点（B）で高橋昌明氏は（疱瘡＝天然痘）に罹患すると発疹の為、体全体が赤面色になることから鬼の正体は疱瘡であると主張されているのは尤《もっとも》な主張である。右田絵図①④⑧で、朱色の衣装を着た武士が主人公の源頼光である必然性がここにあったのであろう。従って酒呑童子物語に描かれている鬼の正体とは疱瘡と落雷現象の二つであると結論付けて良いであろう。（余談となるが右田絵図⑤の武士は京都一条戻橋で妖怪女の片腕を切り落としたという武勇伝が伝わる渡辺綱であろう）

質問③の解答

酒呑童子（鬼）の首は宇治平等院の宝蔵に収められたという。

「宇治の宝蔵」とは藤原頼道（992～1074年）が、父藤原道長から譲り受けた別荘「宇治殿」を仏寺とした平等院の経蔵のことであった。しかし、実際の宇治の経蔵は延久元年（1069）に完成し、「太平記」によると建武年間（1334～1336あるいは1338年）の争乱で一度灰燼《かいじん》に帰している。田中貴子氏などの研究によるとこの時代の説話の世界では「宇治の宝蔵」とは中世の人々の想像力の産物であったという。これを受けて小松和彦氏は「酒呑童子の首は、その凶悪さによって、王権の中心に建つ幻想の博物館としての「宇治の宝蔵」に収めるに値する「宝物＝中世王権支配のシンボル」とされたのであった。

十五　藤原道長と紫式部

さて、筆者は第八章に於いて、現存する「酒呑童子物語」の中で、最古のものが『大江山絵詞』いわゆる『逸翁本』で間違いないであろうと紹介した。しかし、だからと言って、南北朝（1336～1392年）末期頃に出現したこの作品がその時代に制作されたいわゆる祖本という意味ではない。物語の内容を詳しく読むと藤原道長（966〜1027年）が栄華を極めた平安時代中頃の説話設定であるが故に、制作された作者不詳の「祖本」とは少なくとも同時代か11世紀初頃から12世紀にかけて既に制作され、存在していたのではないかという主張である。

藤原道長といえば「この世をばわが世とぞ思う望月の欠けたることもなしと思へば」の和歌が有名である。この歌は平安時代の貴族、藤原実質《さねすけ》の日記「小右記《しょうゆうき》や道長自身による日記『御堂関白記』に記載されているが道長はこの歌を今から約1000年程前の寛仁2年（1018）の10月16日に詠んでいる。道長は3人の娘を皇室に嫁がせる事（政略結婚）で「三皇后の父」となる前人未踏の出世域（摂政・関白）に達した喜びをこの歌に表現したのであった。

この平安時代中期は紫式部や清少納言（枕草子）、和泉式部等の女流作家による著名文学作品が創作された黄金時代でもあったのである。『源氏物語』の作者、紫式部は主人公の光源氏を通して、恋愛、栄光と没落、政治的欲望と権力闘争など、平安時代の貴族社会を描いているが、一説によると主人公の光源氏は道長がモデルになったともいわれている。下級貴族出身の紫式部は20代後半で藤原宣孝と結婚し一女を設けたが、結婚後3年程で夫と死別し、その現実を忘れる為に物語を書き始めたという。

道長はその物語の評判を聞き、娘（中宮彰子）の家庭教師として紫式部を呼んでいる。それを機に宮中に上がった紫式部は、宮仕えしながら道長の支援の下で54帖からなる『源氏物語』が完成したのであった。尚、源氏物語は文献初出（寛弘5年＝1008）からおよそ150年後の平安時代末期に、藤原隆能《たかよし》によって『源氏物語絵巻』として絵巻化されている。源氏物語は制作した絵師、藤原隆能《たかよし》に因んで通称『隆能源氏』とも呼ばれている。ちなみに同時代、常盤光長《ときわみつなが》作『伴大納言絵詞』や作者不詳の『信貴山縁起絵巻』『鳥獣人物戯画』等の4つは日本四大絵巻（いずれも国宝）と称されている。よって、この時代作者不詳祖本成立の舞台環境は十分整っていると考えて良いであろう。

十六　和泉式部は藤原保昌の妻であった

京都府下には二つの大江山がある。加佐《かさ》郡大江町と与謝郡加悦《かや》町の境、かっての丹後・

丹波国境にある標高（８３３メートル）の大江山（千丈ヶ嶽）と、これも山城・丹波の国境、現亀岡市と京都市西京区の間の大江山（大枝山）である。一般には千丈ヶ嶽が酒呑童子の大江山と考えられている。しかし、古代・中世における大江山は明らかに後者を指していた。例えば、和泉式部の娘「小式部内侍《こしきぶのないし》」が詠んだ有名な「大江山いくの道の遠ければ、まだふみもみず、あまの橋立」は、京の都↓大江山↓生野（現福知山市内）↓天の橋立という状況設定になっている。又、和泉式部が、当時丹後守藤原保昌の妻として都より帰らぬ夫を待ちわびて、「丹後にありけるほど、守のぼりてくだらざりければ、十二月十余日、雪いみじうふるにまつ人は、ゆきとまりつつあぢきなく　としのみこゆる　よさのおほ山」（和泉式部集８５２）と歌を詠んでいることは良く知られていよう。（和泉式部は16歳の時に橘道貞と結婚したが4年後に死別、36歳の時に藤原保昌と再婚している。）

ところで、江戸時代初頭の御伽草子では大江山は間違いなく標高（８３３メートル）の千丈ヶ嶽である。しかしそれより古い室町時代初期の逸翁本『大江山絵詞』では大江山の所在を単に「帝都の西北」としている。老ノ坂は京都の西であっても西北ではない。加えて頼光一行が「鬼が城」を求めて、深山幽谷険しき山中に尋ね入るという設定になっている事を考えると、後年、老ノ坂（大枝山）を深山幽谷とするにはいくらなんでも無理が多すぎる。「鬼が城」はすでにこの時点より丹後・丹波境の大江山（千丈ヶ嶽）に移っていったと見るべきなのであろう。

いずれにしても、最古の逸翁本「大江山絵詞」に登場する藤原道長と、藤原保昌の２人が当時の女流作家等と密接な交流があり、平安時代末期（12世紀末）になって『源氏物語』が絵巻化された事実に鑑みると、酒呑童子「逸翁本」と「サ本」共通の祖本も同時代に創作されたのではないかという仮説があっても全く不思議ではない。

何故なら『大江山絵詞』の作者は、明らかに、御堂関白藤原道長と安倍晴明の密接な関係をも詳しく知っていて、作品化しているからである。作者不詳『大江山絵詞』の祖本は平安時代末期に創られたのではないか。これが筆者独自の仮説である。

十七　督姫とサントリー本の行方

天正10年（１５８２）３月に織田信長と徳川家康による甲州征伐で甲斐の武田氏は遂に

滅亡した。しかしその僅か3ヶ月後の6月2日に大事件が起きている。いわゆる「本能寺の変」である。明智光秀は「本能寺の変」から僅か十数日後、山崎の戦いによって羽柴秀吉に討ち取られたのであるが、甲信地方には信長の死によって不穏な空気が漂っていた。天正壬午《じんご》の乱の発生である。壬午の乱とは信長死亡の為、無主状態となった甲斐国、信濃国《しなののくに》、上野国《こうずけのくに》の支配を巡って主に徳川家と北条氏との領土争いのことである。争いの長期化を懸念した徳川家康と北条（氏政・氏直）親子は旧織田領となった甲斐と信濃を徳川家が、上野国を北条家が治めるという事を互いに認め合って天正10年（1582）10月27日に両者は和睦している。実はその和睦の条件として、徳川家康の次女「督姫《とくひめ》（19歳）」が北条氏直（22歳）の正室として嫁ぐことになり、1583年8月15日督姫は小田原城に入ったのであった。一説によると、和睦がこのようにスムースに進んだのは理由があって家康（＝竹千代）は幼少期、人質として今川義元に囲われていたが、同時期、北条氏政二番目の弟「氏規《うじのり》」も又同様に囲われていた為、2人は入魂《じっこん》の間柄であったからだという。督姫は1585年頃には北条氏直との間に長男氏次が誕生、他にも2女をもうけている。

一方、羽柴秀吉はその後、紀州、四国、九州（島津氏）も平定すると、家康に自分の妹「朝日姫」を正室として迎えるよう説得、家康が態度を渋っていると、さらに大政所（秀吉の母）も家康が上洛期間中の人質として家康に差出している。家康を何としても味方（自分の配下）に付けさせたい秀吉は、このように家康に上洛を強要した上で遂に臣従させる事に成功したのであった。

秀吉は更に天皇や朝廷の威も借りて天正13年（１５８５）関白となるや天下統一を目指し、障害となる関東の覇者、北条氏政、氏直親子にも再三上洛するよう促したが、北条氏は上洛を引き延ばしていた。この時、督姫の父、徳川家康は北条氏との和睦によって既に同盟関係になっていたことから、秀吉は家康を通じて北条氏に翻意するよう交渉させたがうまくいかず天正18年（１５９０）3月、豊臣秀吉はついに小田原攻めを開始したのであった。１５９０年7月5日になってようやく和睦派の北条氏直は豊臣秀吉に降伏し、小田原城を開城した。ここに戦国大名としての後北条家は滅亡したのであった。

強硬派だった北条氏政と弟氏輝は切腹となったが、息子、氏直は義父家康の懸命な助命嘆願もあり、助命されて、高野山に流されるという謹慎生活を送った。その時、督姫（27歳）は、一時徳川家康の元に戻ったと考えられる。しかし、翌年北条氏直が赦免され8月に1万石で復帰すると、督姫は北条氏直の元に赴いたようであるが、天正19年（１５９１）11月に氏直（30歳）は病死してしまう。その為、督姫は徳川家康の元に再び戻っている。北条氏直との間に生まれた娘の1人は１５９３年に没している。督姫はその後、不憫に思った豊臣秀吉の仲介で、文禄３年（１５９４）12月に三河の吉田城主・池田輝政に再嫁している。

この時、北条氏に伝来していた「酒呑童子絵巻」（狩野元信筆、現在はサントリー美術館所蔵）と『後三年合戦絵詞』（重要文化財、東京国立博物館蔵）を持参している。尚、池田輝政には既に正室「糸姫（中川清秀との娘）」がいたが、産後の体調不良を理由に離縁した上で、督姫を継室に迎えたのであった。

督姫と池田輝政との夫婦仲は良かったといわれ、5男2女を設けている。池田輝政は関ケ原の戦い（１６００年）でも家康に味方し、86万石となり、姫路城主となった。岡山城の主を巡っては小早川秀秋との後継争いもあったが、督姫が江戸幕府を動かして１６０３年、僅か5歳の第一子　池田忠継を岡山城主にすえ、池田輝政＆糸姫の嫡男・池田利隆を池田忠継の執政代行としている。

慶長18年（1613）池田輝政が死亡すると、督姫は落飾《らくしょく》（＝高貴な人が髪をそり落として出家する事）して『良正院』と号し、駿府城にも一時下向。その後1615年2月4日に家康に会うため京都二条城に滞在していたが、その間、病にかかり死去している。享年51歳。死因は疱瘡であったとされる。

秀吉の小田原攻めによって数奇な運命を辿らざるを得なかった督姫の死因が疱瘡だったとはサ本内容との関連性に於いても感慨深いものがある。

さて、筆者は、第十章（注①）で「氏綱が千葉氏一族である大須賀氏が逸翁本『大江山絵詞』を所持していた事を知っていたかどうかは不明である」と榊原悟氏の言葉を借りて述べたが、筆者私見では、北条氏綱が当時同盟関係にあった大須賀氏が所蔵していた『逸翁本』の評判を聞き、大須賀氏の了解の上で狩野元信に写本させた可能性は十分有り得たのではないかと感じているのである。

その根拠はサ本のクライマックスシーン（図書館絵図③④）に小異はあるものの逸翁本のストーリー展開の仕方がよく似通っているからである。（小異とは『逸翁本』鬼の頭には2本角《つの》が描かれているがサ本には描かれていない）。なるほど確かに交流を示す証拠文書は今でも確認できない。しかし、両方のクライマックスシーンを比較して見れば、狩野元信が逸翁本を模写したであろうとの判断は容易に察知できるであろう。

十八　右田家蔵『絵巻物』伝来の謎

さて、筆者は第一章で右田家蔵『絵巻物』を『絵巻物らしきもの』と表現して、保存状態が非常に悪かった事を述べた。右田絵図①～⑫は分断した状態で古新聞に無造作に包まれていたのであるが、その中に絵巻物と関連不明の古文書一片（次頁掲示）があった。その古文書とは縦が約15センチ、横の長さが約87センチ の家系図というよりも簡略化した家系譜である。真ん中より右側半分（A）には○○家の家系譜、左側半分（B）には京極家の家系譜が並列して記載されている。

（A）○○家表示の○○は系譜右側欠損の為、苗字が不明であることを示す。従って苗字が不明である以上、この2つの両家間にどのように明確な繋がりがあるのか、今もって不詳である。

しかし、（B）京極家、家系譜は、右田家蔵『絵巻物』が右田家に伝来した謎を解き明かす上で貴重な史料であるという点では間違いないであろう。関連不明文書とは如何なるものか。説明する前にまずはご覧頂きたい。

（その家系譜に記述されている原文内容を写真の下に書き写しした。）

（A）○○家、家系譜は女子五人と男性三人（含む某二名）が記載され、明示されている男性は（○○忠重右京亮）の一人のみであるが、右端最初の●（長）女子の記述にまず注目したい。

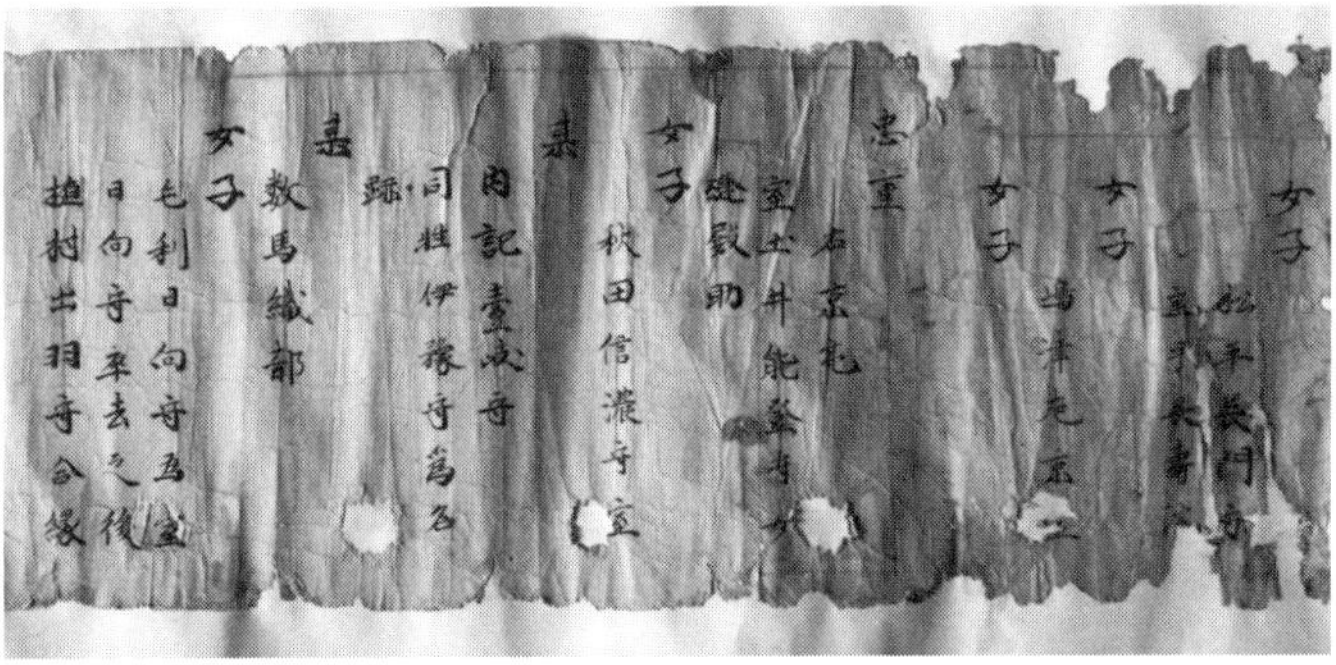

（A）○○家、家系譜

●女子
松平長門守
室 号長寿院

●女子
嶋津右京室

●女子

◎忠重
右京亮
室土井能登守女
縫殿助

●女子
秋田信濃守 室

◎某
内記 壱岐守
同性伊勢守為名跡

◎某
数馬織部

●女子
毛利日向守為室
日向守卒去之後
植村出羽守合縁

「松平長門守」の称号を最初に称したのは長州藩初代藩主、毛利秀就《ひでなり》(1595〜1651)である。関ケ原の戦いで西軍が敗れると毛利家は長門・周防2か国29万8000石に減封され、毛利輝元に代わって秀就が当主となった。しかし、幼年の為、幕府からは輝元と共同での藩主とみなされていたようである。慶長13年(1608)大御所徳川家康の命により家康の次男(結城秀康)の娘の「喜佐姫」を正室に迎え、越前松平家の一門となり、「松平長門守」と称したのが始めてであった。第3代藩主(=松平長門守)

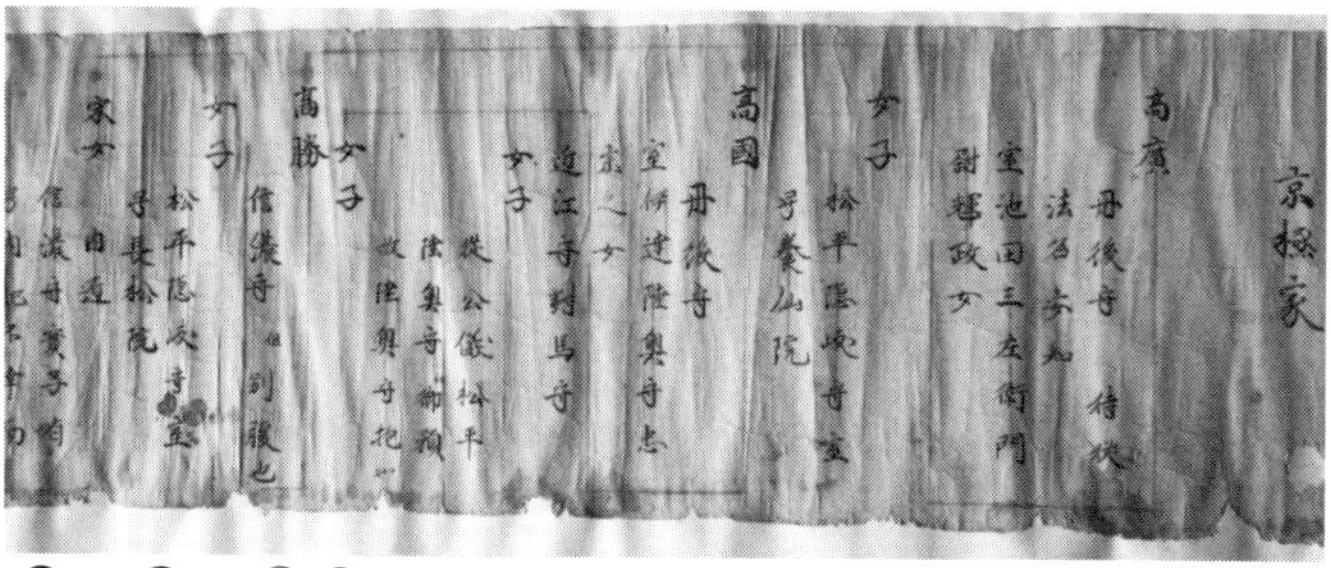

(B)京極家　家系譜
京極家
◎高廣　丹後守　侍従
法名　安知
室　池田三左衛門
尉輝政女
●女子　松平隠岐守室
号　養仙院
◎高國
丹後守
室伊達陸奥守忠宗之女
近江守　對馬守
●女子
従公儀松平
陸奥守　御預
故陸奥守抱也
●女子
◎高勝
信濃守　但　別腹也
●女子
松平隠岐守室号長松院
●宋女　内近

には第2代藩主毛利綱広の長男毛利吉就《よしなり》（１６６８〜１６９４年）が就任している。母は松平忠昌の娘、高寿院（千姫）。正室は酒井忠隆《ただたか》の娘「長寿院（亀子）」である。従って○○家女子に記載されている（室号長寿院）という記述から判読して●（長）女子とは3代目松平長門守毛利吉就の正室（亀子）号「長寿院」と思われる。とすると（A）○○家とは酒井家の事であると判断することが出来よう。従って●女子の右側欠損部には『酒井忠隆（１６５１〜１６８６年）（若狭小浜藩の第三代藩主、父は二代藩主酒井忠直の長男）。正室は島津綱久の娘』等の記述があっても不思議ではないと推定できる。更に酒井忠隆の（次）女も島津惟久《ただひさ》の正室であると推定できる（系譜には島津右京室と記載されている）。

　更に父酒井忠直（１６３０〜１６８２年）を調査すると若狭国小浜藩主「酒井忠勝（１５８７〜１６６２年）」の四男であることが解った。忠勝は徳川3代将軍徳川家光、四代将軍家綱時代の老中、大老である。そして、忠勝の直弟に酒井忠重（１５９８〜１６６６年）がいる。右京亮《うきょうのすけ》とは（右京職の次官の事、従五位下の位に相当する）人物である事を示している。従って○○忠重とは（酒井家次）の三男であり酒井忠次の養子でもある酒井忠重と判断して良いものと最初はそう思った。しかし、この説には無理があった。

最終的に酒井忠重の妻が「土井能登守」の女（娘）であるとの資料が得られなかったのである。そこで「土井能登守」について再調査したところ驚くべき事実が判明した。何と忠《ただ》重《しげ》とは誤記（又は当て字）で、酒井忠直の次男（つまり酒井忠隆の直弟＝忠稠《ただしげ》の事を指していると気が付いたのである。当時、土井利勝は徳川秀忠政権に於ける老中として絶大な権勢を誇っていたが、彼が大出世できたのには理由があって、徳川家康の落胤《らくいん》（＝婚外子）だったからであるとの説が現在では有力視されている。そしてその土井勝利の四男に土井利房《としふさ》（1631～1683年）がいる（官位は従五位下能登守、従四位下侍従）。彼の長女が酒井忠稠《ただしげ》（1653～1706年）の正室（＝土井能登守女）だったのである。

一方、縫殿助《ぬいのすけ》とは江戸時代に代々呉服師を手掛けた後藤家の当主が名乗った名称である。初代松林は「呉服師由緒書」では徳川家康が岡崎城に在住当時から、呉服御用達を勤め、又、家康の側近として諸事御用を勤める特権商人であったとしている。二代目源左衛門忠正は永禄4年（1561）島津家から養子縁組（諸説あり）している。

一方（B）京極家、家譜は明らかに「京極高広」の家族を紹介していると読み取れる。

●京極高広（1599～1677年）は江戸時代前期、丹後国、宮津蕃2代藩主。国持大

名である。（号）は安知軒道愚（系譜には安知と記載されている）、父は京極高知、母は惣持院、正室は『茶々姫（1596～1659年）＝池田輝政・督姫の娘』である。（系譜には池田三左衛門尉輝政女と記載されている）池田輝政は1993年世界文化遺産に登録された姫路城を近世の美しい姿に昔大改修（1601～1609年）した人物として広く知られていよう。

彼の●長女は養仙院（松平定頼正室）◎長男は京極高国（1616～1676年）、●次女は九鬼貞隆正室、◎次男は京極高治（系譜不記載）◎三男は京極高勝　◎側室の四男高明（系譜不記載）がいる。

長男「京極高国」は承応3年（1654）、父高広の隠居により家督を継いで宮津藩3代藩主となっている。正室は『千菊姫（1626～1655年）伊達政宗の四女』である。しかし、B系譜では高国の正室は伊達陸奥守忠宗之女と記載されている。これは明らかに政宗之女の誤記と思われる。忠宗は伊達政宗の次男である為、正しくは高国は伊達政宗（四女の）娘婿であり、忠宗の義弟にあたる。ちなみに伊達忠宗の正室は池田輝政・督姫の次女（末っ子）振姫である。余談となるが伊達政宗は戦国時代仙台藩の初代藩主で、「独眼竜政宗」の異名があることは良く知られていよう。しかし、何故、彼の右目が不自由だったのかは余り知られていない。一説によると幼少期に患った疱瘡（天然痘）の後遺症により右目を失明し、隻眼《せきがん》（＝片目）になったと言われている。督姫の死因が疱瘡であったことは前述したが、次女振姫の嫁ぎ先伊達家にも疱瘡で苦しんだ人物がいたとするとサ本内容との関連性と併せて不思議な縁を感じざるを得ない。話が少しそれてしまったが、（B）京極家の家系譜内容から督姫が北条家から池田家へ持ち帰ったサ本原本は更に伝本化して『茶々姫』によって京極家へも伝播していった経過が読み取れるであろう。

そこで（A）酒井家と（B）京極家との接点を考慮してみると伊達綱宗隠居事件（いわゆる有名な伊達騒動の発端）が考えられる。

隠居事件とは仙台藩三代藩主の伊達綱宗は遊興放蕩三昧であった為、叔父にあたる一関藩主の伊達宗勝がこれを諫言《かんげん》したが聞き入れらなかった。このため宗勝は親族大名であった岡山藩主池田光正、柳川藩主立花忠茂、宮津藩主『京極高国』と相談の上、老中首座の酒井忠清に綱宗と仙台藩家老に注意するよう提訴した事件が惹起される。江戸時代各有力藩どうしの婚姻やお家騒動の顛末処理等は幕府（大老）の認定（裁き）を要する事案だったのはその時代の常識であろう。

一方、酒井家と島津家との接点は島津光久の嫡男島津綱久（1632〜1673年）の娘が酒井忠隆の正室に嫁ぎ、酒井忠隆の次女は島津惟久（1675〜1738年）の正室となっている点に集約されるであろう。更に一歩進めて、島津光久（1616〜1694年）とその家臣、右田家の接点については島津惟久の年齢から推定して『三代目（からいもおんじょ）利右衛門』右田利右衛門尉秀門（1636〜1710年?）が引き当てられるであろう。

以上各家の接点を繋げると、考えられるサ本系伝本の右田家への伝播ルート及びその時期は以下の通りである。

北条家（氏直）↓徳川家（督姫）↓池田家（茶々姫）↓京極家（高国）↓老中酒井家↓島津家（光久）↓右田家（秀門）。

伝播時期は右田家系図が作成された貞享《じょうきょう》4年（1687）及びその前後が想定される。

（おわりに）

中国では鬼は死者の霊魂を指し、人が死ねば「鬼籍に入る」ことになる。しかし、日本の鬼はそれとは違った概念で目に見えぬ正体不明の不気味な存在を意味していた。日本人は善の中に悪を見、又、悪の中にも善を見てきた。神と言っても善ばかりとは言えず、例えば落雷は災厄をもたらす一方で稲に実りを与える雷神のように、神にも善悪2つの本質がある事を心得た（無知ながらも賢い＝落雷時の稲妻は大気中の窒素を雨水に溶かすと言う化学的知識は無かったけれど、落雷の多い年は豊作になる事を知っていた）民族だったのではなかろうか。そうすると、土俵の鬼、経営の鬼が同時に、土俵の神様、経営の神様であると讃えられるのと同じように鬼は滅すべきものではなく本来通り祓うべき存在であると考え直さなければなるまい。

【あとがき】

江戸時代わがままな子供が泣き叫ぶと母親が「そんなに泣くとムクリとコクリが来るよ」と脅かすと子供はピタリと泣き止んだという。ムクリとは蒙古、コクリとは高句麗のことである。

鎌倉時代日本は二度に亘り蒙古襲来を受けている。

文永の役（１２７４年）では壱岐、対馬の男性の殆どが先兵役となった高麗軍によって虐殺され、女性や子供は手に穴を開けられそこにヒモを通して結び縛られた残虐行為の事実が「八幡愚童訓」に記録されている。

一方、室町時代に流行った『幸若舞』とは語りを伴なう曲舞であるが蒙古襲来以来、壱岐島では悪毒王（ムクリ）と百合若大臣の戦い説話に変化し『壱岐鬼ヶ島伝説』が生まれている。

左掲示写真は、その伝説を今に伝える壱岐島の伝統民芸品『壱州鬼凧』である。制作者

壱州鬼凧

は平尾明丈氏。実は筆者はこの民芸品の存在を偶然知り右田家蔵『絵巻物らしきもの』（右田絵図④）の謎が一気に解明されるキッカケになったのである。ここでも（鬼の顔は朱色である）とすると後の2つの鬼の正体は何だろう？　と。

【参考&引用文献】(Wikipedia 他)

『岡山の桃太郎』　市川俊介著　岡山文庫
『酒呑童子の誕生　もうひとつの日本文化』高橋昌明著　中公新書
『日本妖怪異聞録』小松和彦著　小学館
『異界と日本人』　小松和彦著　角川選書
『酒呑童子絵巻の謎』鈴木哲雄著　岩波書店
『絵巻　酒呑童子』国上寺住職　山田現阿著　考古堂
『酒呑童子の首』　小松和彦著　せりか書房
『安倍晴明　闇の伝承』小松和彦著　桜桃書房
『陰陽師　安倍晴明』　志村有弘著　角川ソフィア文庫
『外法と愛法の中世』　田中貴子著　平凡社ライブラリー
『大江山絵詞（小解）続日本絵巻大成19』榊原悟著 中央公論社

エピローグ

プロの歴史研究者や小説作家等であるならば、まずは確たる資料集めに奔走し、その上で、ゆっくりと論考を進め、結論に導いて行くというのが正道であろう。しかし、自分は作文が苦手、しかも典型的な歴史浅学者ときたものである。果たしてズブの素人である自分に論文を作成できるのか不安があった。そこで、自分の思いを秘めて相談しに訪れた先が、当時大隅史談会会長松下高明氏宅であった。氏は持参した右田家家系図を興味深そうにご覧になり「これは面白い、是非、２０１７年４月発刊予定「大隅第60号」へ「投稿されてみては如何ですか」と推薦されたのであった。原稿締め切り４ヶ月程前（２０１６年9月）のことであった。約２ヶ月の準備期間を経て作成した論文が「カライモ翁《おんじょ》前田利右衛門」説異論だったのである。しかし、出版に間に合わせようとして慌てて作成したこの論文後半の筆者見解部に誤りが判明した事や論文一部にも誤植があった為、次年度大隅第61号に改めて続編投稿文を発表する事になったのである。このように冷や汗物の論文デビューとなったのであるが、その間、心が折れそうになった時に関係ある資料の提供や適切なアドバイス（手紙や励ましの言葉）を松下氏から頂き大いに勇気付けられたのでした。ここに改めて元・松下会長に感謝申し上げると共に、平成30年8月に頂いたお手紙を本人様の承諾を得た上で開示（エピローグの詞《ことば》）とさせて頂きました。

『前略

大隅第61号への論文投稿お疲れ様でした。

今、貴論文を読み返しながらこれを書いております。

大隅第61号の最大の論文は右田さんの「続・カライモおんじょ前田利右衛門説」異論でしょう。サツマイモと呼ばれる琉球伝来のイモは、一般的には救荒作物として、又、当地に於いては澱粉やソウルドリンクである焼酎の原料として、又、女性の好むオヤツとして生活に切っても切り離せないほど馴染みの深い作物です。また栽培面積も米に次ぐほどで、栽培にさして手間や技術がいらず、台風にも強く畑地帯の安定した現金収入源としてこれに勝るものはありません。その最重要作物の一つであるカライモの伝来の時期・関係人物・経緯については、薩摩半島の半農漁師であった前田利右衛門であるとして殆どの人が疑いを容れなかったのですが、翻って見ると私もその一人でして、右田さんの論考によって蒙《くら》が開かれた思いがします。生まれ故郷と言われる山川町の岡児が水には立派な墓があり、また同じ町内には「徳光神社」が建立され、祭神として祭られています。大隅史談会の会長だった時に十名くらいで山川・指宿の史跡巡りをしましたが、私をはじめ誰一人疑いを持つ人はいなかったのが現実です。何しろ墓があり祭神として祭る立派な神社があるのですから、舞台装置は完璧なのですよ。

考えてみればご指摘の通り、半農の漁師が前田という姓を持ち、利右衛門いうこれまた庄屋クラスの名を持っている事自体がおかしいですが、この舞台装置よって幻惑されてしまったことになりましょう。地元にいる人間は往々にして気づかない歴史の齟齬。これに気づくのはやはり余所からの目（傍目八目《おかめはちもく》）ですね。右田さんはたまたま先祖の家系図の中に「利右衛門」がおり、中学生の頃に見たという「朱印状」の存在に後押しされ、また、「先祖調べ」の情熱に促され、ついに「右田利右衛門」説に到達されたのは敬服に値します。この高須を所領に持った右田利右衛門が島津義久から琉球渡航の朱印状を受け取ったらしいことは、論考によって理解するに至りました。国分小浜の船頭・堀切彦兵衛は船主であり琉球交易に多大の功績があったので、武士なみの「堀切彦兵衛」という名を貰い、名乗れたのでしょう。問題はその彦兵衛の船に右田利右衛門が同乗していたかどうかですが、普通なら島津家文書に記録があってしかるべきでしょうが、時は関ケ原の戦いでの敗北という痛手により、「本領安堵」が確かなものか疑心暗鬼の時代でしたから、徳川氏の制琉官許を得て琉球を支配下には置いたにしても、やはりいつ難題（改易）を吹きかけられるかわからない。何しろ天下分け目の関ケ原の戦いでは徳川方の敵国だったわけですから。島津氏の棟梁としての義久の時代は敵国として日々徳川氏からの監視の目を忖度せざるを得ず、又、次の家久時代は江戸に人質としての妻子を置くという参勤交代制により監視や忖度は緩んだものの、当時の世相としてキリシタンの急増、それを支える海外宣教師（をはじめとする商人など）の国内流入に手を焼き始め、ついに海外からも国内からも渡航を禁止する鎖国令、それに伴う大船建造禁止令を矢継ぎ早に出さざるを得なかった時代相の中で、南海に航路の開けた島津氏の動向に幕府は極めて神経質になっていたのです。そのような時代相が徳川政権の初期（１６０３～１６３５年頃）だったわけで、その時期に琉球との交易や交渉事があった場合、やはり島津氏側としては徳川政権からの命令的なもの以外のいわゆる「私貿易」的なものは記録から抹消するほかなかったのでしょう。下手をすればその事実が幕府側に漏れ、それを根拠にして「改易」の憂き目にあう可能性の高かった時代です。右田利右衛門が右田さんの推論するように「密使・御庭番」のような存在であったなら、その琉球交易・交渉の担当者（責任者）であった可能性が高く、そうであれば交渉、交易の内容についての「密書」は握りつぶされ、あまつさえ密使であった右田利右衛門の姓名も消されたと考えるのが至当でしょう。従って島津方の公文書群からは右田利右衛門関係の記録は削除され「御公儀」である徳川幕府からの記録開陳を余儀なくされても「知らぬ存ぜぬ」と突っぱねることができたのだと思います。

琉球からのカライモ導入もその流れから見れば、本来は琉球王も他国への持ち出しを禁じていたのではないか、それを言わば戦勝気分で無理やりに種芋を献上させ、藩内では御説のように１６１０年代に栽培が始まった。そして藩主家久が特に珍重していたようですが、この人もおそらくは徳川氏を含めて他国への持ち出しをさせなかったはずで、言わば一種の「専制栽培・特許栽培」で秘密にしておきたかったのではないでしょうか。

徳川氏に知れた時に、琉球から持って来たとは言えない時代相が思われます。例の青木昆陽が薩摩を1734年に訪れていたという事を初めて知りました。彼は著書の中で「薩摩ではいつとは分からないが相当昔から栽培されていた。普及を見たのは30～40年前からだ」と書いているようですが、これも薩摩へ最初に到来した時期をわざと曖昧にしているのかも知れません。多分薩摩方から「伝来の時期は鎖国令が発令される前だったが、その時期については書かないで下され」と念を押された可能性があると思います。要するにサツマイモのみならず、徳川政権初期の頃（1603～1635年頃）に薩摩独自に行った琉球との交易品・交渉事については「無かったことにした」かったのでしょう。旧敵国である外様大名の幕府への忖度は神経質すぎるほどのものがあったと思います。現に「属領琉球との交易（上納）でしこたま儲けておるではないか」との嫌疑によって薩摩藩は「木曽川治水工事」に駆り出され、最初9万両の予算だったのが幕府側の度重なる手直し要求によって40万両に膨れ上がり、藩財政をひどく苦しめたのは宝暦5～6（1755～6）年で、青木昆陽がサツマイモを持ち帰り関東各地に栽培を広めたわずか20年後のことでした。これなどは幕府が琉球との属領的な交易（上納）によって薩摩藩がいかに潤っているかを大いに疑問の目でもって監視し、利潤が多いと判断したらすぐに「お手伝い普請」に駆り出してわざと藩の財政を圧迫する方針が貫かれていることを示す典型的な例でしょう。まだまだ御公儀の威令にはびくびくしていなければならなかった時代だったのです。その時代の右田利右衛門関連文書が何らか見つかるとよいのですが・・・

末筆になりましたが、右田さんの今後の調査研究に進展があるように願ってやみません。』

平成30年8月末日　　松下高明　拝

右田守男　様

［著者］右田 守男

1949 年 10 月　鹿児島県鹿屋市に生まれる。
1974 年 3 月　神奈川大学経済学部卒業。
〃 年 4 月　横浜市内の大手物流企業、(株)日新に入社。
2014 年 11 月　同社定年退職。現在に至る。

サツマイモ本土《ほんど》伝来《でんらい》の真相《しんそう》

発行日　2023 年 10 月 17 日　第 1 刷発行

著者　右田《みぎた》 守男《もりお》

発行者　田辺修三
発行所　東洋出版株式会社
〒 112-0014　東京都文京区関口 1-23-6
電話　03-5261-1004（代）
振替　00110-2-175030
http://www.toyo-shuppan.com/

印刷・製本　日本ハイコム株式会社

ISBN 978-4-8096-7980-3
定価はカバーに表示してあります
ISO14001 取得工場で印刷しました